KB149838

디자인 사고와 감각을 일깨우는

디자인 수업 DESIGN LESSON

디자인 사고와 감각을 일깨우는

디자인 수업

D

DESIGN LESSON

황정혜 · 오상은 · 석금주 · 박가미 지음

교문사

머리말

이 책이 한국출판문화산업진흥원의 세종도서 학술부문에 선정되어 저자들은 매우 영광으로 생각합니다. 저자들은 이 계기를 통해 다양한 분야의 독자들이 디자인에 대한 정보를 더 쉽게 접할 수 있고, 디자인을 공부하는 학생들에게 많은 도움이 되길 바랍니다.

이 책은 네 명의 저자들이 대학에서 디자인 강의를 하면서 수업에 필요하다고 생각해온 내용들을 정리하고 묶어 만든 책입니다. 디자인학과 학생들과 학부 과정의 수업을 하면서, 이론 수업이나 이론과 실기를 같이 진행하는 수업에 필요한 이론은 여러 책에 흩어져 있다는 인상을 받았습니다. 그래서 기초적인 디자인 수업을 진행하는 경우에도 디자인 강의를 위해 교재를 지정하기보다 여러 책을 참고하는 경우가 많았습니다. 이런 번거로움 때문에 네 명의 저자가 모여 디자인 기초 수업에서 사용할 수 있는 자료를 정리하기로 하였고, 그 과정에서 다른 교수님들이나 학생들도 이 자료를 사용할 수 있다면 좋을 것이라고 생각해 책을 만들기로 하였습니다.

이 책의 특징은 디자인의 이론과 실습 수업에서 직접 사용할 수 있도록 이론과 실습 내용을 모두 담았다는 점입니다. 1부인 1~4장까지에는 이론을 실었고, 2부인 5장은 워크북으로 구성해 디자인 프로젝트 20가지를 담았습니다. 이론 부분에도, 각 이론에 대해 학생들이 직접 생각해 볼 수 있는 '생각해 보기'와 이론과 관련이 있는 간단한 디자인 실습을 해 볼 수 있는 '연습해 보기'를 넣었습니다. 학부 과정의 디자인 수업인 만큼 이론을 이해하고 실습할 수 있게 도와주는 것이 필요하리라 생각했습니다. 책에 직접 생각을 적어 보거나, 가벼운 디자인 실습을 할 수 있는 공간이 있어 한 권을 모두 공부하고 나면 자기만의 책이 되도록 하였습니다. 학생들의 입장에서도 이 책을, 디자인에 관한 자신의 생각과 가벼운 실기 결과물이 담긴, 자기만의 책으로 완성할 수 있어 뿌듯하지 않을까 생각합니다.

이 책은 대체로 기초적인 내용이되, 대학 강의에 준하는 내용을 담고 있기 때문에 대학 학부 교재로 적합하다고 생각합니다. 또한, 디자인을 전공하고 있거나 시작하려고 하는 고등학생 혹은 디자인 전공자가 아니더라도 혼자 기초적인 디자인을 공부하고자 하는 사람들에게도 도움이 되리라 생각합니다.

1장은 디자인이란 무엇인가 알아보는 것으로 시작합니다. 디자인이란 무엇인지, 디자이너에게 필요한 것은 무엇인지 알아봅니다. 디자이너가 되려는 사람들에게 대학에서 오랫동안 학생들을 만나며 수업해온 선생님의 입장에서 전해주고 싶은 이야기도 담았습니다. 2장은 디자인에 기본이 되는 기초 조형과 조형 원리에 대한 내용을 담고 있습니다. 이를 통해 학생들의 경우 시작하는 디자이너에게 필요한 가장 기초적인 이론을 공부할 수 있습니다. 또한 디자인 기초 수업에 필수적인 기초조형, 조형원리, 색채 등의 내용이 체계적으로 정리되어 있습니다. 3장에는 디자인과 커뮤니케이션에 대한 내용을 담고 있습니다. 디자인은 궁극적으로 사람 사이의 커뮤니케이션에 관여합니다. 이 장에서는 디자이너가 시도하는 커뮤니케이션과 디자이너가 만드는 기호에 대한 이론과 이것을 적용해 보는 방법에 대해 담았습니다. 또한, 효과적인 커뮤니케이션과 관계가 있는 디자인 콘셉트에 대해서도 다루고 있습니다. 4장에서는 여러 분야의 디자인 프로세스를 다루고 있습니다. 이와 관련해, 디자이너들이 생각하는 방식이라 할 수 있는 디자인적 사고를 비롯해, 발상하는 방법에 대해서도 다루고 있습니다. 이 장에는 시작하는 디자이너들에게 참고가 될 만한 실무적 자료들도 포함되어 있습니다. 이처럼 디자인에 대한 기초부터 중급에 해당하는 이론들까지 다루고 있어 학부 과정에 준하는 공부를 하고자 하는 사람들에게 광범위하게 도움이 되리라 생각합니다. 마지막으로 5장에는 디자인 프로젝트 20가지를 선정해 그 프로세스와 사례를 실었습니다. 5장의 디자인 프로젝트의 경우, 대학 수업에서 진행할 만한, 대부분 실제로 진행해 본 적이 있는 프로젝트인 만큼 대학에서 강의하시는 교수님들의 경우 교수님들이 진행하시는 수업에 맞게 활용하셔도 좋을 것 같습니다. 혼자서 이 책으로 디자인 기초를 다지고자 하는, 디자인에 관심이 많은 비전공자나 고등학생들도 책에서 소개하고 있는 프로세스에 맞게 실습해 보는 것도 좋을 것입니다.

1년 반 전, 연구실에 모여 수업에서 가르칠 만한 좋은 자료를 정리해 보자며 시작했던 것이 이렇게 책으로 완성되다니 마음이 새롭습니다. 함께 대학에서, 학교에서, 학원에서 학생들을 가르치시는 교수님들, 선생님들과 디자이너의 길을 가려는 학생들의 앞날을 축복합니다. 또한, 항상 저희 한 사람, 한 사람과 함께해 주시는 하나님께 감사드립니다. 마지막으로 출판에 큰 도움을 주신 교문사 관계자 분들께도 감사드립니다.

2020년 5월

저자 일동

PREFACE
CONTENTS
TERMINOLOGY
REFERENCE
INDEX

차례

2
PART
DESIGN PROJECT
디자인 프로젝트

PART

DESIGN THEORY

디자인 이론

WHAT IS DESIGN?

디자인이란 무엇일까?

WHAT IS DESIGN?

1 디자인을 어떻게 정의할 수 있을까?

"디자인은 시각적으로 무조건 예쁘고 멋있게 만들면 되는 것일까? 아니면 기능적인 효율성만 잘 갖추면 되는 것일까? 디자인을 한다는 것은 과연 어떤 것일까?"

이 시대를 살아가고 있는 현대인의 일상과 문화 속에는 디자인이 깊이 연관되어 있다. 도시에 살고 있는 직장인의 일상을 살펴보면, 아침에 눈을 떠서 입을 옷을 고르고 지하철에 올라 각종 광고 이미지들을 접하게 된다. 그리고 편의점에 들러서 형형색색의 음료 패키지 디자인 중 한 제품을 고른다. 옆 코너에 있는 스낵 제품도 같이 구매한다. 사무실 주변의 여러 건축물과 건물 내의 인테리어를 보며, 사무실에 와서는 포털사이트에 접속하여 오늘의 뉴스를 검색하고 자주 방문하는 인터넷 쇼핑몰에서 그동안 사고 싶었던 아이템들을 구매한다. 우리는 이처럼 디자인을 접하고 여러 디자인 중에서 무언가를 선택하며 살아간다. 즉, 우리 삶은 디자인을 제외하고는 생각할 수 없게 되었다. 또한 이러한 디자인에 대한 관심은 날로 증가하고 있다.

디자인이라는 말은 언제 생겨났을까? 디자인의 어원을 살펴보면, 첫 번째 어원으로 프랑스어의 '데생(desseing)', 이탈리아어의 '디세뇨(disegno)'를 디자인의 대표적인 어원으로 꼽는다. 프랑스어의 'desseing'은 드로잉을 뜻하는 'dessin'으로 변화하였고, 이탈리아어의 'disegno'는 창조적 사고를 암시하는 말로 확장되었다. 이러한 데생과 디세뇨에서 유래한 디자인의 의미는 '**마음의 계획**'이다. 두 번째로 라틴어의 '데시그나레(designare)'를 디자인의 또 다른 어원으로 꼽는다. 이 단어의 어원적 구조는 'de'와 'signare'의 결합에 의해서 이루어졌다. 'de'라는 접두어는 '~을 분리하다 또는 취하다'를 뜻하고 'signare'는 '기호 또는 상징'을 뜻한다. '기존의 기호로부터 분리시켜 새로운 기호를 지시하다'라는 의미로 볼 수 있다. 데시그나레의 뜻을 다시 이해하기 쉽게 정리하면 '**지시하다 · 표현하다 · 성취하다**'로 이야기할 수 있다. 앞의 두 어원을 정리하면 디자인은 '**계획을 기호로 표시한다**'라는 어원을 가지고 있다.

디자인의 어원

- 프랑스어의 '데생(desseing)', 이탈리아어의 '디세뇨(disegno)'
- 라틴어의 '데시그나레(designare)'

디자인은 기존의 순수미술에서 조형적 요소를 응용하는 것에서 시작되었으며, 근대 산업이 발달함에 따라 생산, 기능, 조형을 접목하는 의미로 확장되었다. 디자인이란 용어를 일상적으로 사용하게 된 것은 1920~1930년대 근대 산업이 성립된 이후부터로 볼 수 있다. 디자인은 오늘날 컴퓨터와 인터넷 등 기술의 발달로 인하여 그 개념이 확장 및 변화하고 있다. 디자인에 대한 정의는 각기 다른 분야에서 다양한 의미로 해석 · 응용되고 있어서 일원화된 디자인의 정의로 존재하지 않는다. 그러나 일반적인 디자인에 대한 정의를 내리자면 다음과 같다.

> 디자인은 주어진 목적을 달성하기 위하여 문제를 합리적으로 해결하는 일련의 과정이나 행위 혹은 그 결과이다. 디자인은 조형원리를 기반으로 실용적이고 미적인 조형을 계획하고 표현하는 것을 말한다.

디자인을 수행한다는 것은 주어진 문제를 다양한 관점에서 분석하여 새로운 문제로 재정의하고 이를 기반으로 합리적이며 더 나은 해결책을 제시하는 과정과 그 프로세스를 수행하는 것이다. 모든 분야의 디자인 작업은 가장 먼저 기획 단계를 거치는데 이때 콘셉트[1]를 정하고 합리적인 기획을 해야 한다. 이에 따라 표현 방향이 결정되고 디자이너는 조형적으로 실체화하는 결과물을 만든다.

1 콘셉트 : 디자인 메시지를 잘 전달하기 위해 디자인에 부여하는 어떤 주제(3장 참조)

THINK ABOUT
생각해 보기

디자인 정의

디자인이 무엇이라고 생각하는가? 자신만의 언어로 아래에 적어 보자.

디자인은 언제부터 시작되었을까? 2

디자인의 역사를 공부하면 디자인에 대한 개념과 디자인에 대한 이해를 높일 수 있다. 또한 디자인 문제를 바라보는 다양한 관점 및 새로운 시각을 가질 수 있다. 과거를 알면 미래를 예측할 수 있듯이 디자인의 역사를 알면 앞으로의 디자인 트렌드[2]를 예측할 수 있다.

디자인은 언제부터 시작되었을까? 인류가 도구를 사용하기 시작한 이래 디자인은 시작되었다고 볼 수 있다. 초기의 인류는 살기 위해 돌과 나무 혹은 동물의 뼈 등으로 생활에 필요한 도구를 만들었다. 예를 들어 사냥하기 위해 돌 한쪽을 뾰족하게 만들었는데 이러한 행위를 디자인 행위로 볼 수 있다. 또한 원시인들은 뜨거운 태양과 비바람으로부터 가족을 보호하기 위해 움집을 디자인하기도 했다. 그리고 주술적인 목적으로 힘센 짐승의 형상을 벽화로 그리거나 조각으로 만들었다. 이러한 모습들이 디자인의 시초라고 볼 수 있다.

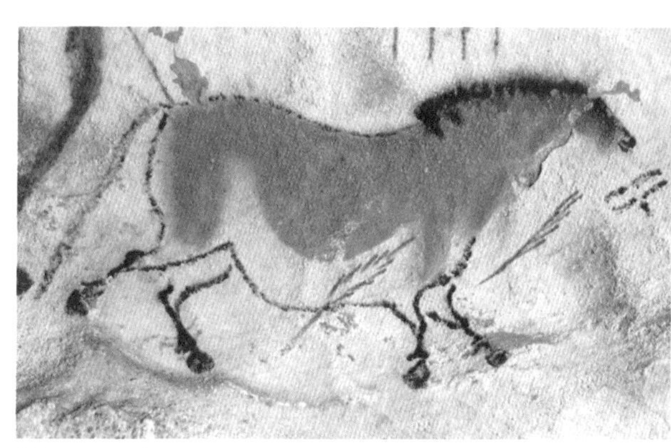

라스코 동굴벽화, 스톤헨지

2 디자인 트렌드 : 디자인의 동향, 추세

윌리엄 모리스의 작품

오늘날 우리가 디자인이라고 말하는 개념이 시작된 시기는 150년 전으로 볼 수 있다. 사회운동가이면서 예술가였던 윌리엄 모리스(William Morris)의 사상을 근대 디자인 개념의 시작으로 볼 수 있다.

윌리엄 모리스의 사상을 이해하려면 19세기 중반에 영국에서 일어난 일을 살펴볼 필요가 있다. 그 당시 영국은 산업혁명으로 인해 기계로 생산된 제품들이 마구 쏟아져 나왔다. 그런데 기계를 통하여 생산된 제품들은 조잡하고 미숙하며 아름답지 않았다. 산업혁명 이전에 제작된 가구나 제품들은 장인의 손을 거친 수공예 제품들로 오랜 세월 동안 축적된 기술과 미적 감각이 담겨 섬세하고 아름다웠다. 이렇게 수공예를 통한 품질 좋은 조형물과 기계 생산을 통한 서툰 제품의 큰 차이를 인식한 후 그로 인한 폐해를 비판하고 문제 제기를 한 대표적인 사람이 윌리엄 모리스였다. 윌리엄 모리스는 기계생산으로 인한 생산품의 미숙함과 조잡함에 이의를 제기하였고, 장인정신과 수공예 기술을 옹호하였으며 '예술의 민주화'와 '예술의 생활화'를 주장하였다. 이 점이 근대 디자인의 시작이 되는 개념이라 할 수 있다.

또한 디자인의 개념을 말할 때는 바우하우스(Bauhaus)의 업적을 살펴보아야 한다. 디자인 교육의 시작이자 모델이 되는 바우하우스는 발터 그로피우스(Walter Gropius)를 중심으로 1919년 독일의 바이마르(Weimar)에서 시작된

조형교육기관이다. 바우하우스는 기계 생산의 산업혁명과 20세기 초에 펼쳐진 다양한 예술 및 조형 활동에 대한 개념을 오늘날 우리가 알고 있는 디자인 개념에 기초가 되는 방향으로 정리했다. 즉, 점, 선, 면, 형태, 색채, 질감 등 조형의 기본 요소를 언급하는 등 새로운 조형의 개념을 정리하고 발표하였다. 바우하우스는 기계를 통한 대량생산을 긍정적으로 받아들였고 기계 생산에 적합한 디자인 방식을 연구하고 제시하였으며, 실제로 산업계와 제휴하였다. 이러한 바우하우스의 업적은 오늘날 우리가 말하는 디자인 개념의 기초가 되었다.

바우하우스

THINK ABOUT
생각해 보기

나의 디자인 첫걸음

여러분의 디자인은 언제부터 시작되었는지 아래에 적어 보자.

3 디자인과 순수미술은 어떻게 다를까?

디자이너로 일하는 선배들에게 들을 수 있는 신입시절의 에피소드 중 가장 흔한 이야기는 아마 팀장님께 “○○ 씨 예술합니까?”란 말과 함께 꾸중을 들은 일일 것이다. 신입시절 선배 디자이너에게 들은 “○○ 씨 예술합니까?”란 말은 어떤 의미일까? 디자인과 순수미술은 다른 것일까? 다르다면 어떻게 다를까?

디자인과 순수미술은 본질적 차이가 있다. 회화나 조각 같은 순수미술은 순수미의 구현을 위하여 작가가 예술적 동기를 가지고 작품을 창조하는 주관적 분야이다. 디자인은 사용자라는 평가자가 있고 디자인의 목적을 달성하는 객관성이 부여된 분야이다.

나이키 웹사이트(좌)와
바실리 칸딘스키의
순수미술 작품(우)

디자인과 순수미술은 작업의 시작부터가 다르다. 순수미술 작업은 무엇을 만들고 그릴지부터 작가 중심으로 시작해서 마무리까지 작가의 영감과 직관 등 주관적인 사고와 행동에 의해 이루어진다. 순수미술은 자기의 생각을 표현하는 조형 활동이다. 반면에 디자인 작업의 시작은 사용자에서 출발한다. 디자인은 사용자의 필요와 욕구를 충분히 분석하고 이에 따른 논리적 기획과 표현 등 목표에 맞게 디자인을 제작하는 것이다. 디자인은 미적인 것과 기능적인 것을 동시에 고려하는 분야이고 상업적인 목적을 가지고 있다.

또한 디자인과 순수미술의 큰 차이 중 하나는 제작하는 작품이나 제품의 수량 차이이다. 순수미술은 한정된 수량으로 작품이 제작되는 경우가 대부분이다. 그러나 디자인은 공장에서 대량생산되는 것이 일반적이다. 물론 디자인 제품 중 가치를 높이기 위해 소량제작되는 제품들도 있지만 일반적으로 디자인 결과물은 기계로 대량생산된다.

그리고 순수미술은 작가의 영감 등 주관성이 집중된 분야이기 때문에 '옳다' 혹은 '그르다'는 식의 판단을 내리기 어렵다. 반면에 디자인은 소비자라는 평가자가 있어서 그들로부터 냉정한 평가를 받는다.

THINK ABOUT
생각해 보기

디자인과 순수미술

디자인과 순수미술은 어떻게 다른지 비교하여 적어 보자.

4 디자인의 종류에는 무엇이 있을까?

오늘날 디자인은 사회적 요구와 기술이 발전하면서 급속한 세분화 및 다양화가 이루어지고 있다. 디자인을 이해하기 위하여 복잡하고 다양한 디자인을 '영역'별 그리고 '차원'별로 분류하고 정리할 수 있다.

디자인 분류에서 '영역'은 인류의 시작부터 있었던 인간 행동을 중심으로 구분할 수 있다. 인간은 취사와 기타 여러 생계 활동을 위하여 도구를 만들었으며, 안전과 휴식을 위하여 집을 짓고 주변 환경을 다듬고 새로 조성했다. 그

© Keren Tan / flickr.com

© Gustavo da Cunha Pimenata / flickr.com

© Maia Valenzuela / flickr.com

© GoToVan / flickr.com

© UnknownNet Photography / flickr.com

다양한 디자인 분야

리고 인간은 사회의 구성원으로서 다른 사람과 소통하기 위하여 심벌[3]을 만들었다. 이를 '심벌 관련 속성', '도구 관련 속성', '환경구축 관련 속성'으로 볼 수 있고 이 세 가지 속성을 디자인 항목과 대응시켜서 다음과 같이 정리할 수 있다.

- 심벌 관련 속성 – 커뮤니케이션디자인(시각정보디자인) 분야
- 도구 관련 속성 – 프로덕트디자인(제품디자인) 분야
- 환경구축 관련 속성 – 인바이런먼트디자인(환경디자인) 분야

디자인 분류에서 '차원'은 평면인 '2차원', 입체인 '3차원', 시간 개념을 포함한 '4차원'(평면+입체+시간)으로 구분할 수 있다.

© Parlancheq / flickr.com © Gustavo da Cunha Pimenta / flickr.com © John Karakatsanis / flickr.com
© JasonParis / flickr.com

---
3 심벌 : 기호, 상징, 표상, 어떠한 뜻을 나타내기 위하여 쓰이는 부호, 문자, 표지

다음 표는 디자인을 영역별 그리고 차원별로 분류하고 정리한 것이다.

디자인의 분류

디자인 분류		차원		
		2차원(평면)	3차원(입체)	4차원(평면+입체+시간)
영역	커뮤니케이션디자인 (시각정보디자인)	타이포그래피 일러스트레이션 그래픽디자인 캐릭터디자인 심벌 및 로고디자인 편집디자인 포스터디자인 광고디자인 사인물디자인	패키지디자인 환경그래픽디자인 POP 광고디자인 전시디자인	아이덴티티디자인(CI · BI) 애니메이션 게임디자인 웹디자인 광고영상 디자인 영상디자인 UI · UX 디자인 멀티미디어디자인
	프로덕트디자인(제품디자인)	텍스타일디자인 벽지디자인 타피스트리디자인	패션디자인 공예디자인 액세서리디자인 가방디자인 신발디자인 가구디자인 생활용품디자인 자동차디자인	웨어러블디자인 디지털데이터디자인
	인바이런먼트디자인(환경디자인)		인테리어디자인 디스플레이 건축디자인 도시디자인 조경디자인 공공디자인	CG 시뮬레이션 홀로그래피 무대 및 세트디자인 가상현실(VR)디자인 혼합현실(MR)디자인

자료 : 김윤배 · 최길열(2011) 참고 및 재구성.

요즘은 디자인 영역 간에 통합이 이루어지고 있는 것을 쉽게 찾아볼 수 있다. 여러분들이 사용하는 핸드폰을 보면 제품디자인 분야와 시각디자인 분야 그리고 사용자 인터페이스 분야 등 여러 디자인 분야의 통합이 이루어져 있는 것을 알 수 있다. 생산자 중심에서 소비자 중심의 시대로 변화하면서 디자인 영역 간 통합이 활발하게 이루어지고 있다. 제품디자인과 공간디자인의 통합, 공간 안에서의 시각정보디자인, 제품과 시각정보디자인과 환경이 협력하여 하나의 완성된 디자인 공간을 제시하는 등 디자인 영역 간에 통합이 이루어지고 있다. 그리고 이러한 현상으로 인하여 통합디자인이라는 개념이 새롭게 주목받고 있다.

또한 디자인 분야가 아닌 의학, 경영, 금융, IT 기술, 교육, 심리학 등 타 분야와의 융합이 활발히 이루어지고 있다. 예를 들면 디자인 분야와 IT 기술 분야가 만나서 인터랙션디자인, 인터페이스디자인, 사용자경험디자인 등 새로운 디자인 영역이 형성되었다. 이 외에도 디자인이 확장 및 융합되고 새로운 차원의 개념들이 등장하여 정보디자인, 서비스디자인, 감성디자인, 유니버설디자인, 공공디자인, 에코디자인, 지속가능디자인, 커뮤니티디자인, 나눔디자인, 사회공헌디자인 등 새로운 디자인 개념과 영역들이 등장하고 있다.

THINK ABOUT
생각해 보기

디자인의 종류

여러분이 아는 디자인의 종류를 모두 아래에 적어 보자. 그중에서 여러분이 관심 있는 분야를 골라 다른 색으로 표시해 보자.

5 디자인의 기능과 역할은 무엇일까?

디자인은 인간의 정신적 측면과 물리적 측면 등의 다양한 욕구를 충족시키기 위하여 행하는 창조적 행위이다. 이러한 디자인은 다음과 같은 기능과 역할을 가지고 있다.

디자인은 인간의 욕구를 만족시킨다

디자인은 인간의 정서적·정신적·물리적·실용적인 욕구를 충족시키는 기능을 한다. 디자인의 이러한 기능은 인간의 삶을 윤택하게 하는 데 기여한다.

디자인은 다각적 효율성을 지닌다

디자이너는 대중이 요구하는 정신적 측면과 물리적 측면 등 다양한 측면의 욕구와 필요에 새로운 대안을 제시한다. 이렇게 디자이너의 손을 거쳐서 세상에 나온 디자인 결과물들은 인간의 환경에 긍정적 영향을 끼치며 다각적 효율성을 지닌다.

디자인은 인간의 생활을 변화시킨다

디자인은 인간의 삶과 환경을 풍요롭고 윤택하게 변화시킨다. 예를 들어, 인간의 편의를 고려하여 디자인된 제품은 인간의 생활을 편리하게 해주고 생활의 질을 높이는 기능을 한다. 그리고 효율적인 커뮤니케이션[4]을 고려하여 디자인된 공간은 구성원들의 소통을 원활하게 해주고 삶의 만족도를 높이는 역할을 한다.

4 커뮤니케이션 : 의사소통, 사람들끼리 서로 생각이나 느낌 등의 정보를 주고받는 일

디자인은 윤리적 책임을 갖는다

디자인은 인간의 삶과 환경에 영향을 끼치므로 윤리적 책임을 갖는다. 예를 들면 디자인은 환경보호의 책임이 있다. 디자인 작품을 제작할 때에는 환경오염을 일으킬 제작 과정은 피하고 재활용 재료를 사용하는 등 환경에 도움이 되는 디자인 과정을 기획하고 수행해야 한다. 즉, 디자인 기획 단계부터 윤리적 측면을 고려하여 디자인 프로젝트[5]를 진행하여야 한다.

디자인은 사회적 기능을 한다

디자인 결과물은 인간사회에 새로운 상징과 언어로서 사용된다. 디자인은 인간의 환경에 영향을 끼치며 사회적 기능을 가지게 되고 커뮤니케이션 도구로 활용된다. 이렇듯 디자이너는 디자인 프로젝트를 진행할 때 디자인 결과물이 긍정의 사회적 도구로 사용될 수 있도록 기획부터 고려해야 한다.

5 디자인 프로젝트 : 디자인 과제나 일감으로 어떤 주제를 중심으로 기획부터 최종 결과물까지 완성하는 것이다.

THINK ABOUT
생각해 보기

디자인의 기능과 역할

내 가방 속에 있는 물건(제품)을 하나 선택해서 그 제품디자인의 기능과 역할이 무엇인지 적어 보자.

6 좋은 디자인의 조건은 무엇일까?

좋은 디자인(good design)의 조건으로는 합목적성, 심미성, 경제성, 독창성, 질서성을 들 수 있다. 이러한 다섯 가지 조건을 적절히 갖추면 잘 만들어진 좋은 디자인이라고 말할 수 있다. 그렇다면 그 다섯 가지 조건에 대해 구체적으로 알아보자.

합목적성

디자인을 제작할 때에 필요한 기능적인 부분과 실용적인 부분 그리고 효용적인 측면을 말한다. 디자인에는 달성해야 할 목적이 있고 디자이너는 이러한 목적을 잘 달성하기 위해 이성적·객관적·합리적으로 디자인 문제에 접근하고 풀어 나가야 한다. 이러한 디자인 조건을 합목적성이라고 한다.

심미성

심미성은 합목적성과는 다른 관점에서 인간생활을 보다 풍요롭게 하는 디자인 조건이다. 우리가 어떤 것을 볼 때 아름답다고 느끼는 미의식, 즉 감성적인 부분을 말한다. 심미성은 국가, 민족, 세대, 사회, 유행, 개성에 따라 다를 수 있으나, 보편적인 대중의 미의식을 반영할 수 있어야 한다.

경제성

최소한의 재료와 노력으로 최대의 효과를 얻고자 하는 것이다. 이는 디자인뿐만 아니라 인간의 모든 활동에 통용되는 원칙이다. 한정된 예산을 가지고 더 좋은 디자인 결과물을 도출하고자 디자이너는 연구하고 또 연구해야 한다. 지나치게 많은 시간과 비용이 소요된 디자인은 좋은 디자인이라고 말할 수 없다.

독창성

디자인에 있어서 생명력을 불어넣는 핵심 요소이다. 디자이너의 창의적 발상에 의해서 독창성은 이루어지고 이것은 디자인을 평가하는 중요한 기준이 된다. 독창성은 디자이너의 감각과 새로운 것을 도출해내는 사고력과 깊은 연관이 있다.

질서성

디자인의 네 가지 조건인 합목적성, 심미성, 경제성, 독창성이 서로 조화를 이루는 것을 의미한다. 즉, 합리적 부분인 합목적성과 경제성, 비합리적 부분인 심미성, 독창성이 서로 조화를 이루는 것을 말한다.

THINK ABOUT
생각해 보기

좋은 디자인의 조건

우리 주변에서 볼 수 있는 좋은 디자인을 한 가지 선택하고, 좋은 디자인의 조건에 따라 분석해 보자. 또한 그렇게 평가한 이유도 적어 보자.

7 여러분이 생각하는 좋은 디자인은?

편리하고 명료한 디자인, 좋은 인상을 오래 남기는 디자인, 근사한 디자인, 기억될만하고 유용한 디자인, 참신한 디자인, 정리가 잘 된 디자인, 기발한 아디이어가 돋보이는 디자인, 친절한 디자인, 친환경적인 디자인, 호기심을 불러일으키는 디자인 등 좋은 디자인에 대한 의견은 다양할 것이다. 우리 책에서는 좋은 디자인을 다음과 같이 정의해 보겠다.

객관적인 자료를 기반으로
합리적인 기획 과정을 거치고
디자이너의 창의성이 발휘되어 제작된
차별화된 디자인
그리고 환경을 위한 디자인을
좋은 디자인이라고 말할 수 있다.

디자인의 좋고 나쁨을 평가하는 기준은 시대와 사회의 변화에 따라 그리고 시장의 영향에 따라 바뀔 수 있다. 예를 들면 예전에는 디자인을 평가할 때 디자인 결과물의 기능성이 우선적으로 중시되었는데, 오늘날 감성을 중시하는 사회로 바뀌면서 감성이 디자인을 평가하는 주요 요소로 자리잡고 있다. 사용자가 디자인을 사용할 때 재미나 즐거움을 느끼는지, 잔잔한 감동을 받는지 등이 평가 요소로 등장했다. 이렇듯 시대의 변화에 따라 디자인을 평가하는 기준은 계속 변화하고 있다.

THINK ABOUT
생각해 보기

여러분이 생각하는 좋은 디자인이란 무엇인가? 그리고 10년 후 좋은 디자인의 조건은 무엇일지 상상해 보자.

8 디자이너는 어디에서 영감을 얻을까?

귤은 완벽한 패키지디자인이다

우리가 쉽게 접할 수 있는 귤에 대해서 이야기해 보자. 귤은 완벽한 패키지디자인[6], 즉 굿 디자인이라고 말할 수 있다. 귤은 외출 시 간편히 가방에 넣어 나갈 수 있는 간식거리로, 특별한 포장용기가 필요하지 않다. 또한 손에 쉽게 잡히는 크기와 모양으로 칼이나 다른 도구 없이 쉽게 까서 먹을 수 있고, 귤 껍질 안에는 내용물이 개별 포장되어 있어서 귤 하나로 여러 사람이 나누어 먹을 수도 있다. 방수 기능이 있어서 내용물 보호도 용이하다. 전체적으로 식욕을 돋우는 컬러인 것도 굿 디자인의 요소라 할 수 있다. 이처럼 귤은 완벽한 패키지디자인이라고 말할 수 있으며, 우리는 이러한 자연물을 통해 많은 디자인 감각을 익힐 수 있다.

디자이너는 자연에서 많은 아이디어를 얻을 수 있다

유명한 디자이너들도 자연에서 영감을 얻어 디자인 작업을 했다. 대표적인 예로 안토니 가우디(Antoni Gaudi)의 건축물을 보면 자연에서 많은 영감을 얻어

귤 이미지

6 패키지디자인 : 포장디자인

서 디자인한 것을 쉽게 발견할 수 있다. 그의 대표 작품인 사그라다 파밀리아(Sagrada Familia) 성당은 직선을 배제하고 모든 곳이 자연의 곡선으로 되어 있어서 그 내부에 들어가면 울창한 숲속에 있는 듯한 느낌을 받는다. 건축물을 구성하는 요소들도 자연물의 형상을 하고 있다. 19~20세기 초에 유럽 및 미국에서 유행한 장식 양식인 아르누보(art nouveau)도 자연에서 영감을 얻어 시작된 양식이다. 담쟁이덩굴의 구불구불한 곡선과 섬세한 꽃무늬의 반복적인 패턴 등이 아르누보의 대표적인 모티프이다.

사그라다 파밀리아 성당 내부

우리는 산의 아름다운 곡선과 형태, 식물과 동물의 아름다운 컬러와 형태, 파도치는 바다의 곡선, 시시각각 변하는 하늘의 컬러, 별이 가득한 신비한 우주 등을 잘 관찰하여 디자인 작업 시 영감을 얻을 수 있다.

디자인 감각이나 안목은 하루아침에 얻어지는 것이 아니다

디자이너는 오랜 시간 동안 자연을 통해 배우고 다양한 좋은 디자인을 많이 보면서 디자인 안목과 센스를 키울 수 있다. 훌륭한 디자이너가 되기 위해서는 많은 시간과 노력이 요구된다. 디자이너는 다양한 각도에서 자연과 사물을 관찰하고 기존의 사고방식에서 탈피하여 기발한 아이디어를 쏟아내며 그 아이디어를 어떻게 시각적으로 구현할 수 있을지를 고민하고 또 고민해야 한다.

디자이너는 목표에 맞는 체계적인 기획력과 시각화 능력을 동시에 갖춘 전문인이다. 디자이너에게 기획력과 표현력은 어느 하나도 빼놓을 수 없는 필수 능력이다. 디자인을 수행한다는 것은 주어진 문제를 다양한 관점에서 바라보고 분석하여 새로운 문제로 재정의하고 이를 기반으로 새롭고 합리적이며 목표에 더 나은 해결책을 제시하는 것이다. 디자이너가 갖추어야 할 능력 중 반드시 키워야 할 부분으로 시각적 표현 능력을 들을 수 있는데 그 이유는 최종적으로 디자이너는 이미지를 제작하여 결과물을 도출해야 하기 때문이다. 디자이너는 형태와 색채에 대해 깊이 이해해야 하고 디자인 콘셉트에 맞는 세련된 표현 능력을 갖추어야 한다. 이 능력은 디자이너 고유의 차별화된 전문 영역이라고 할 수 있겠다. 이러한 능력을 키우기 위하여 아름다운 자연과 좋은 디자인 결과물을 많이 보고 영감을 얻길 바란다.

THINK ABOUT
생각해 보기

지난 한 주간 나에게 영감(혹은 아이디어)을 준 것들을 적거나 그려 보자. 이미지 사진을 붙여도 좋다.

CHAPTER

WHAT ARE THE ELEMENTS AND PRINCIPLES OF DESIGN?

디자인의 구성 요소와 원리는 무엇일까?

WHAT ARE THE ELEMENTS AND PRINCIPLES OF DESIGN?

1 형태의 기본요소는 무엇일까?

우리가 매일 살아가는 하루는 생각해 보면 60초가 모여서 1분이 되고, 60분이 모여서 1시간이 되며, 24시간이 모여서 하루가 된다. 이렇듯 디자인도 점이 모여서 선이 되고, 선이 모여서 면이 된다고 생각하면 이해하기 쉬울 것이다. 점은 형태를 구성하는 최소의 요소로서 점이 모여 선으로, 선이 모여 면으로, 다양한 면이 모여 입체가 된다.

점

점은 디자인을 구성하는 최소한의 요소이다. 점은 아직 어떤 넓이나 깊이를 가지지 않고 있지만 점의 크기나 그 수, 점을 놓은 위치, 형태 등에 따라 다른 느낌을 나타낼 수 있다. 또한 점은 어떤 특정한 장소나 위치를 표현할 수 있고 한 선의 두 끝, 한 선들이 만나는 교차점을 뜻하기도 한다. 다음 그림을 보면 같은 점이어도 그 점이 공간의 중앙에 위치할 때와 상하좌우에 위치할 때 각각 다른 느낌을 줄 수 있다. 때문에 우리는 점의 크기나 수량, 위치 등의 다양한 속성을 변화시킴으로써 다른 느낌을 표현할 수 있다. 따라서 디자이너는 자신이 표현하고자 하는 의도나 목적에 맞게 공간 안에서 형태를 변화시킬 수 있는 능력이 필요하다. 이를 위해서는 어떤 공간 안에서 점 하나를 놓을 때도 그 점이 보는 사람에게 어떤 느낌과 효과를 줄 수 있는지 사려 깊게 생각해야 한다.

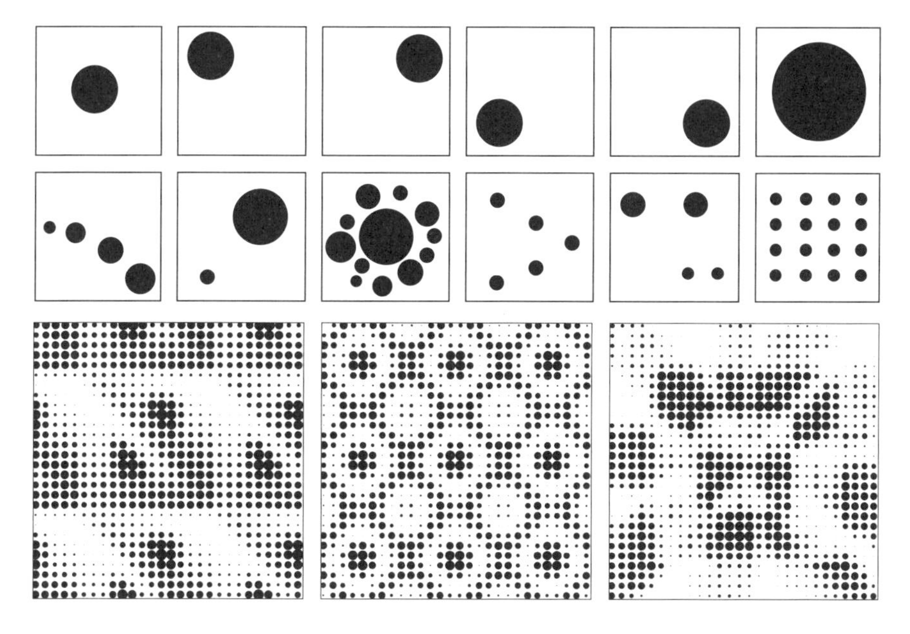

다양한 점이 주는 느낌

선

선은 점이 방향성을 가지고 이동해서 만들어진 흔적이다. 연필을 이용해 종이에 시작되는 한 점을 찍고 한 방향으로 쭉 그으면 선이 되는 것처럼 무수히 많은 점들이 모여 선이 된다. 선은 길이와 방향성을 가지고 있지만, 아직 넓이나 두께를 가지고 있지 않은 1차원적 요소이다. 선을 통해서도 디자이너는 다양한 느낌을 만들어 낼 수 있는데 수직선은 긴장감을 유발하고, 수평선은 안정과 균형, 평화를 상징한다. 한쪽으로 높게 뻗은 사선은 불안정한 느낌과 역동성을 만들어 내고, 굵은 선은 힘차지만 둔한 느낌을 주며, 가는 선은 예민함과 날카로움을 준다. 또한 곡선은 우아함, 자유로움, 간접성, 불명확성을 나타내고 기하학적 곡선은 확실함과 명확함을 나타낸다. 디자인에서 점선은 절취선이나 접는 부분을 나타내거나 불연속적인 부분을 표현하는 용도로도 많이 사용되고 있다.

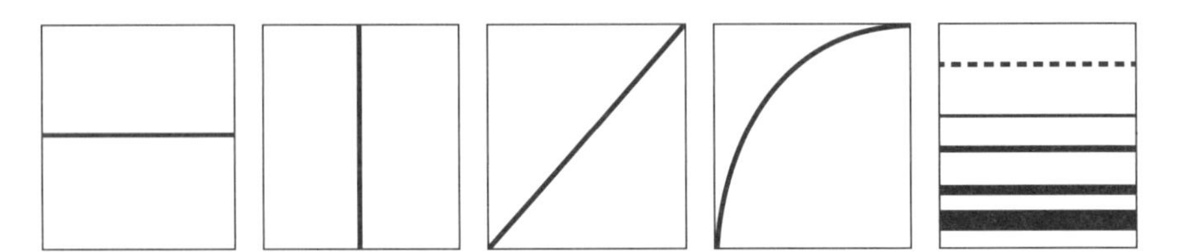

다양한 선이 주는 느낌

© Rose Carson / Shutterstock.com

© BobNoah / Shutterstock.com

사선을 사용해 역동성을 나타낸 스포츠 브랜드 로고

면

면은 선이 한 방향으로 움직여서 만들어진 면적이라고 생각할 수 있다. 2차원에서 면은 우리가 일상에서 흔히 사용하는 직사각형의 A4 용지와 같이 선으로 둘러싸인 외형적 모습을 말한다. 3차원에서 면은 박스나 네모 상자와 같이 3차원적 형상을 에워싸는 표면을 뜻한다. 3차원적 면은 질감과 부피감을 포함한다. 이렇게 면은 조형에서 평면적 그림을 그릴 경우에도 사용되며, 면과 면의 결합으로 입체감이나 부피를 표현할 경우에도 사용된다. 우리는 면의 질감이나 색상을 변화시키거나, 면에 외곽선을 주고 그 외곽선의 그 두께를 변형시켜서 다양한 종류의 면을 표현할 수 있다.

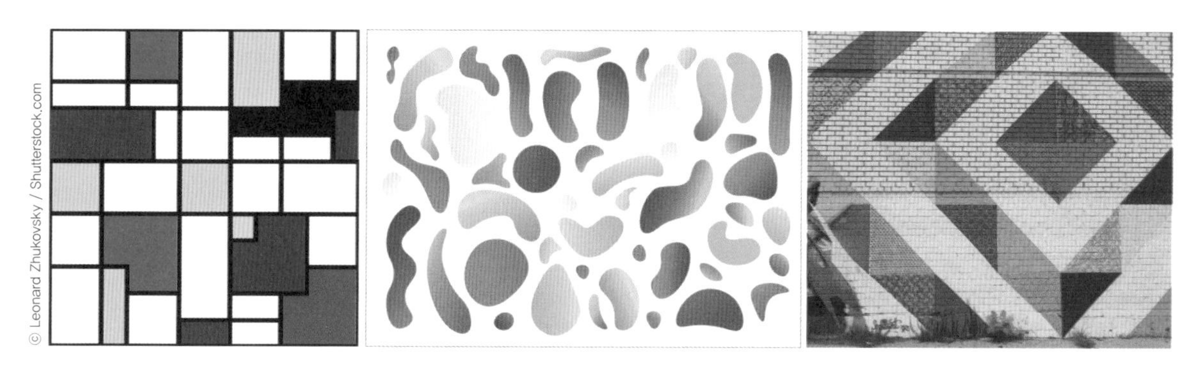

몬드리안 작품(좌)에서 나타난 면과 다양한 면의 형태(중, 우)

점, 선, 면을 이용한 디자인의 예시

EXERCISE
연습해 보기

1. 점을 이용하여 다음의 느낌을 표현해 보자. (긴장감, 안정감, 율동감)

긴장감 | 안정감 | 율동감

2. 선을 이용하여 다음의 느낌을 표현해 보자. (긴장감, 안정감, 율동감)

긴장감 | 안정감 | 율동감

3. 면(삼각형, 사각형, 다각형, 입체 함)을 이용하여 다음의 느낌을 표현해 보자. (긴장감, 안정감, 율동감)

긴장감 | 안정감 | 율동감

4. 점, 선, 면의 다양한 요소를 이용하여 다음의 느낌을 표현해 보자. (긴장감, 안정감, 율동감)

긴장감	안정감	율동감

5. 친구들의 표현방법을 살펴보고 서로의 생각을 말해 보자.

2 형태에는 어떤 것들이 있을까?

물이나 공기 등은 일정한 형태가 존재하지 않고 유동적이지만 지구상에 존재하는 대부분의 생명체나 사물은 일정한 형태를 가지고 있다. 형태는 눈으로 사물을 인지할 때 가장 먼저 파악되는 것으로, 사람들은 보통 대상의 외곽을 따라 형태를 인지하는 경우가 많다. 사람의 눈은 외곽선에 의한 형태를 인지한 후 그 안의 질감이나 색상 등의 세부적인 사항을 파악한다. 형태는 보통 삼각형, 사각형, 원과 같이 인공적으로 만들어진 형태인 기하학적 형태와 나뭇잎, 나무 표면과 같이 형태가 일정하지 않고 계속적으로 변화하는 자연물의 형태인 유기적 형태로 나눌 수 있다.

기하학적 형태

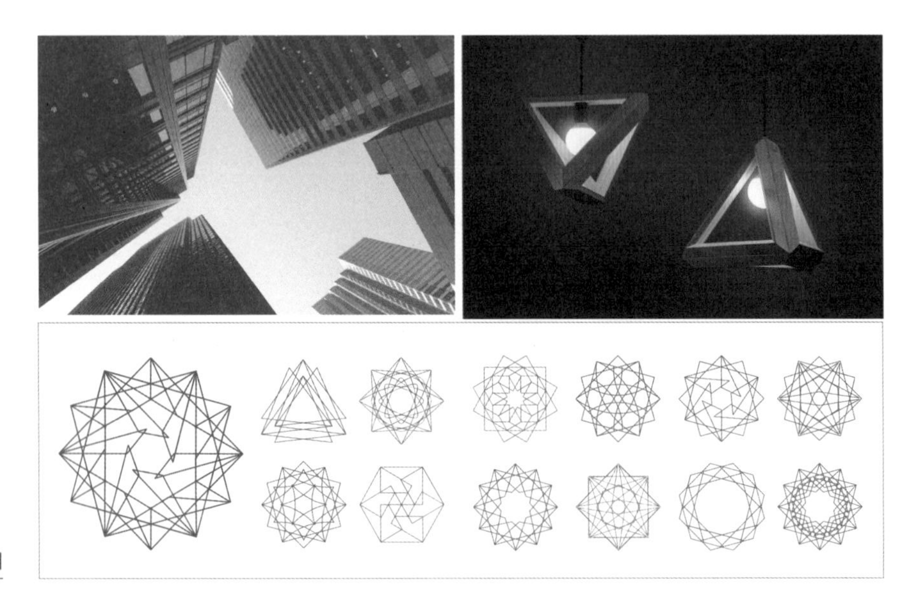

다양한 기하학적 형태

기하학적 형태는 사람이 만들어낸 조형물이나 인공물에서 흔히 발견할 수 있다. 가장 단순한 형태인 원에서 삼각형, 사각형, 다각형에 이르기까지 다양한 형태를 가질 수 있지만, 보통 기하학적 형태는 수리적 규칙성에 의해 만들어지기 때문에 불규칙적인 유기적 형태보다 단순하다. 기하학적 형태는 기계적이며 논리적이어서 보는 사람으로 하여금 분명함, 간결함, 명료함을 느끼게 한다. 이러한 기하학적 형태의 간결성과 명료성을 디자인에 적극적으로 반영하려는 움직임이 19세기 말에 시작되었는데 기능주의, 구성주의, 바우하우스 등이 그 대표적인 예이다. 1919년에 발터 그로피우스(Walter Gropius)가 독일에 설립한 미술 전문 교육기관이였던 바우하우스는 실용주의, 기능주의에 입각하여 이러한 간결하고 장식 없는 기하학적 형태를 디자인에 적용하였다.

유기적 형태

유기적 형태를 띠는 나뭇잎과 터키의 지층

우리는 잎사귀나 나무 표면 같이 형태가 일정하지 않고 계속적으로 변하는 자연물에서 유기적 형태를 찾아 볼 수 있다. 그 예로 터키의 지형은 환경 조건이나 바람의 영향을 받아 차곡차곡 쌓여서 형성되었기 때문에 표면이 생성 당시의 기후에 영향을 받아 각기 다른 형태를 지니고 있다. 이렇게 유기적인 형태는 보통 기하학적 형태보다 복잡하고 변화가 많은 구조를 지니고 있다. 유기적 형태를 띠고 있는 자연물은 보는 사람으로 하여금 풍부함과 심리적 안정감을 느끼게 한다. 유기적 형태는 아르누보 스타일에 많은 영향을 끼쳤는데, 아르누보는 19세기의 산업혁명에 따른 대량생산으로 획일적이고 단순한 디자인에 회의를 느껴 자연을 모티프로 자연적 형태를 디자인에 반영한 움직임이었다. 현대 디자이너 중 카림 라시드(Karim Rashid)는 유기적 디자인을 추구하는 디자이너로 잘 알려져 있다. 그는 이전의 디자인에서 많이 사용하던 기하학적 형태를 탈피하여 디자인에 유기적 형태를 많이 사용하였다. 이러한 다양한 시도는 사용자의 편의와 디자인 모두를 고려한 것이라 할 수 있다.

© Gecko Studio / Shutterstock.com

© Vladimir Staykov / Shutterstock.com

카림 라시드와
그의 유기적 형태의 디자인

공간과 입체는 어떻게 표현할까?

3

일반적으로 공간 하면 좌우, 전방 3방향(x, y, z)으로 퍼져 있는 빈 곳을 떠올리게 된다. 공간이란 사람의 활동이 행해지는 장소나 그 운동이 행해질 수 있는 넓이를 말한다. 디자인에서 공간은 건물이나 공원처럼 구조물을 만들어 내어 그 장소를 사용하는 것을 말한다. 입체는 3차원의 공간 안에 여러 개의 평면이나 곡면으로 둘러싸인 것을 뜻한다. 디자이너는 이렇게 사물의 형태에 그 기능성과 심미성을 더하여 사람들이 사용하기 적합한 입체물을 만들어 내야 하기

입체와 공간

때문에 입체와 공간을 잘 이해해야 한다. 공간 안에서 사람과 사물 사이의 상호작용을 고려하여 사용하기 편리한 디자인을 만들어 내는 것이 중요하다.

입체의 형성

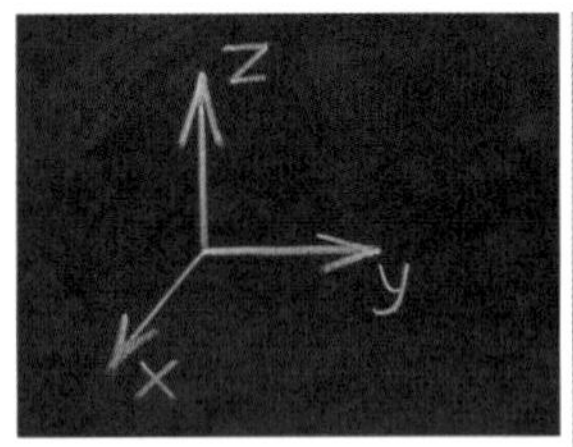

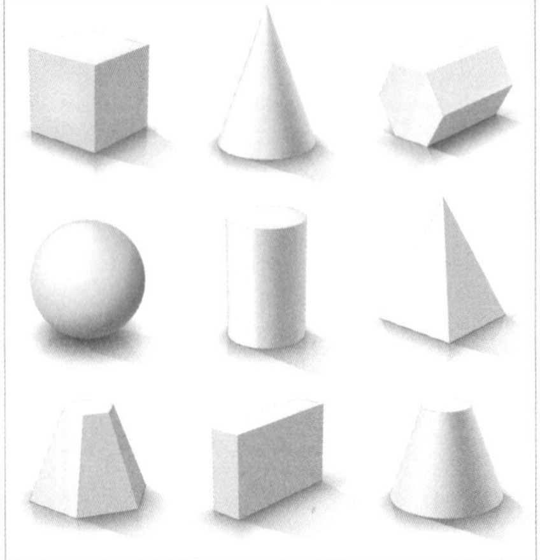

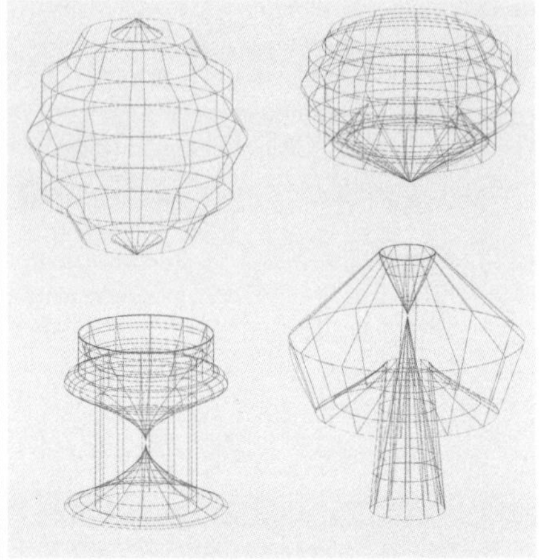

입체의 형성

디자이너는 자신의 머릿속에서 생각해낸 다양한 입체물이나 이미지를 자동차, 조명 가전, 환경물 등의 3차원 형태를 통해 표현할 수 있어야 한다. 입체를 만드는 가장 단순한 방법은 2차원 형태에 그대로 두께를 주어 만들어 내는 것이다. 원기둥이 그 대표적인 예라고 할 수 있다. 우리가 보통 종이에 그림을 그릴 때는 x, y축을 기본으로 형태를 잡는데, 여기에 물체의 부피감을 나타내는 z축을 추가하여 그림을 z 방향으로 늘려 그리면 된다. 다음으로는 3차원 x, y, z축으로 형태를 전개해 나가는 방법이 있다. 지구상에 존재하는 모든 입체물은 디자인 시 항상 중력을 고려해야 하며, 구조나 강도 등도 고려해야 한다.

원근법

원근법은 우리가 살고 있는 3차원의 세계를 종이와 같은 2차원으로 옮겨서 표현할 때 공간감과 원근감을 나타내기 위해 사용하는 회화기법으로, 실제 사물과의 거리를 반영하여 그리는 것을 말한다. 지금은 사실적이고 정확한 기록의 역할을 카메라가 하고 있지만, 카메라가 발명되기 전까지는 그림이 사실을 기록하는 중요한 역할을 하기도 하였다. 사실적인 묘사를 가능하게 하는 회화기법인 원근법은 15세기 초에 이탈리아서 발명되어 사실주의 회화풍이 유행하던 19세기 말까지 유럽 전 지역에서 널리 사용되었다. 디자이너는 머릿속의 디자인을 스케치로 표현하기 위해 원근법을 잘 사용할 줄 알아야 한다. 이러한 원근법에는 색으로 거리감을 묘사하는 대기 원근법(공기 원근법)과 형태로 거리감을 나타내는 투시 원근법(선 원근법)이 있다.

원근법이 잘 나타나 있는 공간

대기 원근법(공기 원근법)

대기 원근법은 우리가 표현하고자 하는 대상 사이의 공기나 빛에 의해 생기는 색의 차이를 주어 앞에 있는 대상은 더욱 선명하게, 멀리 있는 대상은 흐릿하게 채색하는 방법을 말한다. 우리 눈에 보이진 않지만 가까이에 있는 사물과 멀리 있는 사물 사이에는 더 많은 공기가 존재한다. 즉, 멀리 있는 사물이 이러한 공기의 영향으로 더 흐리고 뿌옇게 보인다고 생각하면 된다. 따라서 앞에 있는 사물의 윤곽선은 또렷하고 밝은 색상으로 표현하고, 멀리 있는 사물의 윤곽선은 흐릿하게 표현한다. 그 예로 조르주 쇠라(Georges Pierre Seurat)는 작품 〈그랑드 자트 섬의 일요일 오후(Sunday Afternoon on the Island of La Grande Jatte)〉에서 앞에 있는 사람은 또렷하게, 뒤에 있는 사람은 흐릿하게 표현하였다. 레오나르도 다 빈치(Leonardo da Vinci)의 〈모나리자(Mona Lisa)〉에서도 앞의 모나리자는 선명하게, 뒤에 있는 배경이나 사람들은 더욱 흐릿하게 묘사된 것을 볼 수 있다.

조르주 쇠라의 〈그랑자트 섬의 일요일 오후〉(좌)와 레오나르도 다빈치의 〈모나리자〉(우)

투시 원근법(선 원근법)

투시 원근법은 같은 길이의 대상이라도 가까이 있는 것은 더 커 보이고, 멀리 있는 것은 더 작아 보이는 원리를 발전시킨 것으로 선 원근법이라고도 한다. 투시 원근법은 주로 형상에 관련된 것으로 명암 표현 없이 형상만으로 원근 관계를 파악할 수 있게 한다. 원근법은 두 개의 평행선이 아주 멀리 뻗을 때 점점 모이다가 한 개의 점으로 합쳐진 것처럼 보이는 현상에 기초한 투시도법이다. 이때 사물의 연장선으로 형성되는 가상의 점을 소실점이라고 하며, 이 소실점의 개수에 따라 1점 투시, 2점 투시, 3점 투시로 구분한다.

① 1점 투시

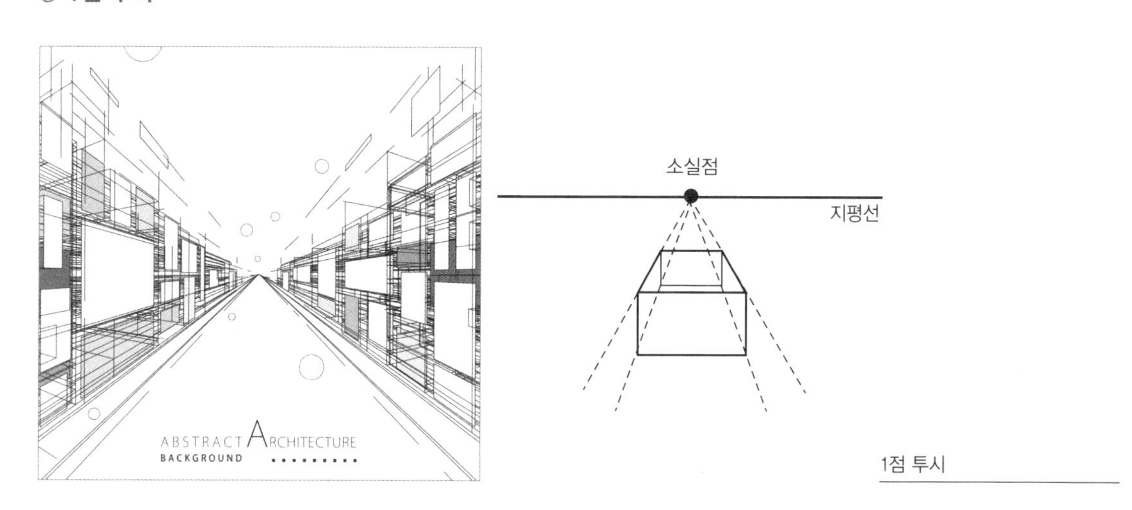

1점 투시

1점 투시는 대상의 한 면이 정면을 바라볼 때 생겨나는 투시이다. 1점 투시는 작품을 보는 사람의 시선이 하나의 소실점으로 집중되는 원근법으로 흔히 X구도를 갖는다. 소실점을 중심으로 선을 연장시켜서 그 선을 기준으로 입체를 그려나가는 방법이다. 보통 나무가 숙 늘어선 가로수 길을 표현하거나 실내를 표현할 때 사용하기 적당한 투시도법이다.

② 2점 투시

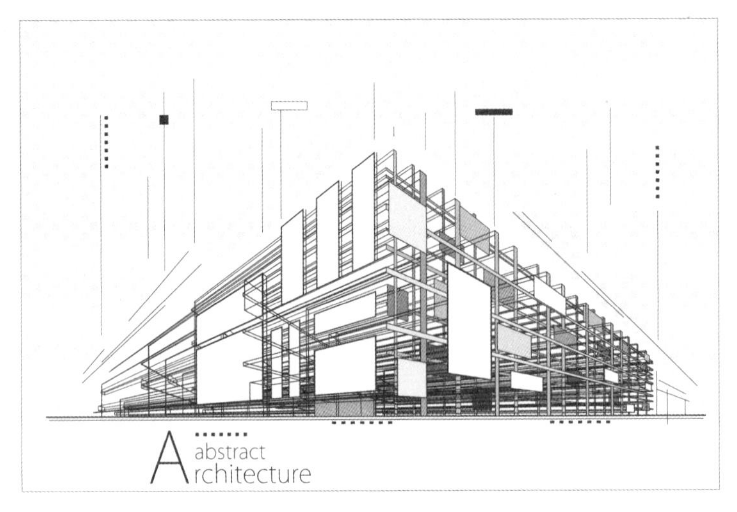

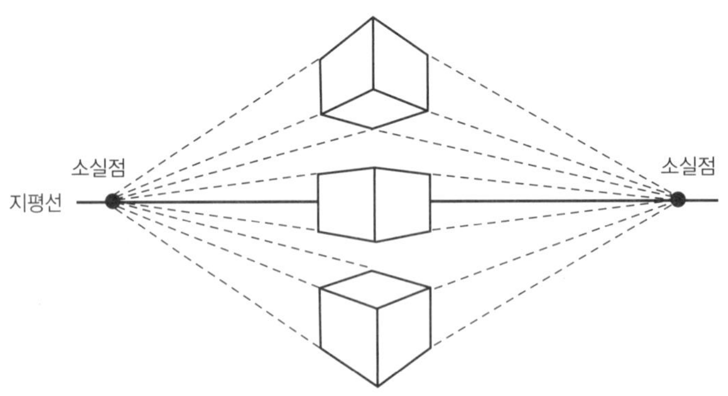

2점 투시

2점 투시는 사물의 모서리 부분을 기준으로 양쪽에 두 개의 소실점이 존재하게 된다. 2점 투시로는 웅장한 건물을 표현할 수 있고 흔히 마름모꼴 구도를 갖게 된다. 대상의 한 모서리를 기준점으로 배치하고 지평선과 만나는 양쪽 끝에 소실점을 잡는다. 그러면 좌우 두 개의 소실점이 생겨나게 된다. 그리고 그 대상 안의 모든 수평선은 좌우 소실점을 향한 사선 위에 존재하게 표현하면 2점 투시를 완성할 수 있다.

③ **3점 투시**

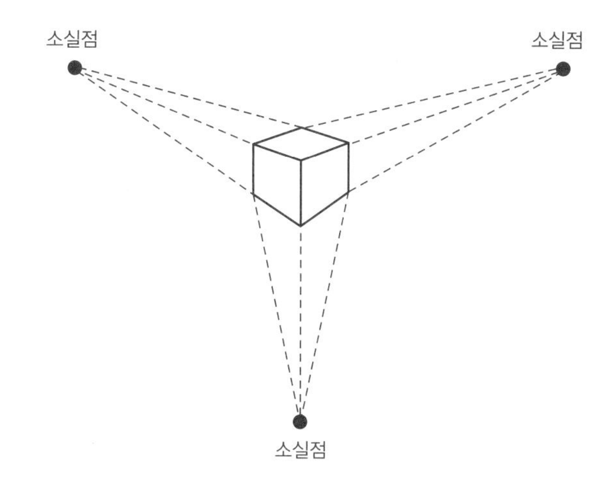

3점 투시

3점 투시는 높은 빌딩을 위에서 내려다 보거나 아래서 올려다 볼 때 생겨난다. 대상의 꼭짓점이 투시의 기준이 된다고 생각하면 이해하기 쉽다. 3점 투시에서는 위아래서 본 구도이기 때문에 좌우 소실점 이외에 위아래 소실점이 하나 더 존재한다. 소실점까지 투시된 사선은 예각 삼각형을 이루어 좁아지게 된다.

EXERCISE
연습해 보기

1. 1점 투시도법으로 교실을 그려 보자.

2. 2점 투시도법으로 교실을 그려 보자.

3. 3점 투시도법으로 교실을 그려 보자.

4. 다른 친구들이 그린 투시도법과 자신의 작업을 비교하고 토론해 보자.

4 색이란 무엇일까?

우리 주변은 색으로 가득 차 있고 색은 21세기의 가장 중요한 표현 수단 중 하나이다. 그래서 좋은 디자이너는 자신이 디자인하는 목적에 맞게 그 디자인에 알맞은 색을 사용할 수 있어야 한다.

갈색의 의자(좌)와 알렉산드로 멘디니의 색채를 강조한 의자(우)

© Tinxi / Shutterstock.com

디자이너는 색[1]을 통해 자신이 전달하고자 하는 메시지를 분명하게 전달할 수 있어야 한다. 예를 들어 사람이 많이 걸어 다니는 스토어의 주목성을 높이는 의자를 디자인하는 것과 편안함을 위해 가정에서 오래 사용할 의자를 디자인할 때는 다른 색을 사용해야 한다. 소비자의 주목을 끌어야 하는 목적으

1 색(color) : 빛의 스펙트럼의 조성 차에 의해서 성질의 차가 인정되는 시감각의 특성·컬러와 동의어
색채(perceived color) : 물리적 현상인 색이 감각기관인 눈을 통해서 지각되거나 그와 같은 지각현상과 마찬가지의 경험효과를 가리키는 현상. 색채는 지각적 요가 포함되어 있음
색상(hue) : 색의 3요소 중 하나로 빨강·파랑·녹색이라는 이름 등으로 서로 구별되는 특성

로 스토어에 놓일 의자라면 알렉산드로 맨디니(Alessandro Mendini)의 의자처럼 밝은 노랑, 초록, 파랑 같이 눈에 잘 띄는 색을 골라서 사용하는 것이 좋을 것이고, 가정에서 오래 사용할 의자로 편안함과 질리지 않는 용도로 제작되는 의자라면 자연스러운 나무색의 의자가 적합할 것이다. 가정에서도 포인트 컬러를 준다든지 산뜻함을 위해 놓을 의자라면 밝은 색을 고를 수도 있다. 이처럼 색은 그 디자인의 목적과 용도에 맞게 선택해야 한다.

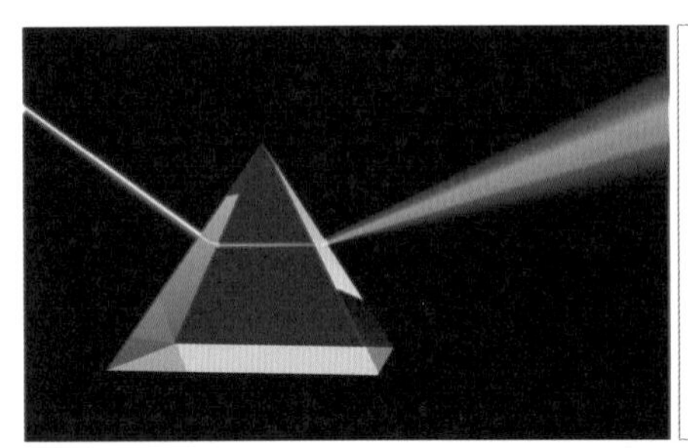

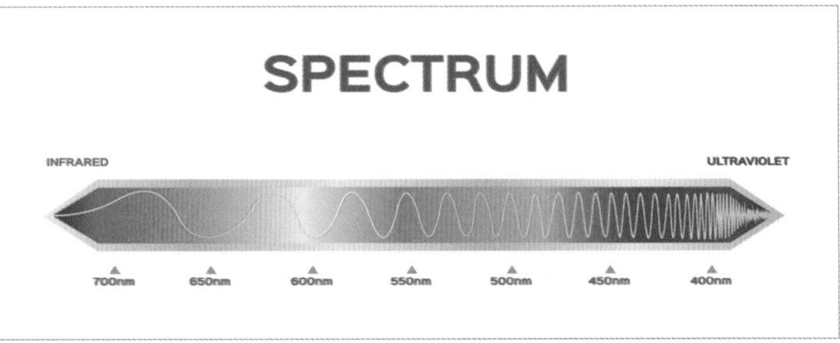

프리즘의 분광실험에 의해
찾아낸 색의 스펙트럼

사람들은 보통 색을 그 물질이 가진 고유한 특성으로 인식하는 경우가 많은데 색은 빛과 시각기관, 뇌의 상호작용을 통해 우리에게 인지되는 요소이다. 우리가 밤에 잠에서 깼을 때 눈 앞 물체의 형태만 어렴풋이 인지할 수 있는 것처럼 빛이 없는 상태에서 색을 알아보기는 어렵다. 이처럼 색을 구별하게 하는 가장 중요한 요소가 빛인데 우리가 일반적으로 인지하는 색은 380~780nm(Nanometer) 사이 파장의 가시광선을 말한다. 예전부터 학자들이 이러한 빛의 색 파장이 어떻게 구성되어 있는지를 알기 위해 많은 연구를 해왔는데 1667년 아이작 뉴턴(Issac Newton)이 최초로 프리즘을 이용한 분광실험에서 색의 7가지 스펙트럼을 찾아냈다. 이 실험에서 아이작 뉴턴은 빨간색에서 보라색으로 갈수록 단파장을 가지게 되는 것을 발견하였는데 보라색은 380nm의 단파장을, 파란색은 360~480mn, 초록색은 480~560nm, 노란색은 560~590nm, 주황색은 590~640nm, 빨강색은 640~780nm 사이의 장파장을 갖는다. 다시 말해, 빨강에서 보라색 쪽으로 갈수록 그 파장의 길이가 줄어드는 것을 알 수 있다. 이 중 장파장을 갖는 난색은 공기 투과율이 높지만, 단

색파장을 갖는 한색은 쉽게 산란된다. 빨강이나 노랑 계열의 난색을 멀리서도 인지하기 쉬운 것도 이러한 파장의 길이 때문이다.

가시광선은 이러한 7가지의 색들이 합쳐져 백색으로 이루어져 있지만 빛이 어떠한 사물의 표현에 닿으면 그 사물이 흡수하고 반사되는 정도에 따라 다른 색상으로 보이는 것이다. 예를 들어 나무의 잎사귀는 다른 색의 파장을 모두 흡수하지만 초록색을 반사하여 우리 눈에 초록으로 인지되는 것이고, 빨강 장미는 빨강을 제외한 다른 색을 흡수하고 빨강을 반사하여 우리 눈에 빨강으로 인지되는 것이다. 그러므로 우리가 어떤 사물이 어떤 색이라고 느끼는 것은 우리가 그 사물이 흡수하지 못해 반사하는 색을 인지하는 것이다.

우리가 인공적으로 만들어 낸 백열등과 형광등 같은 인공조명은 완벽한 태양광을 만들어 낼 수 없다. 요즘 유행하고 있는 셀카(스스로 혼자 찍는 사진)를 찍을 경우 백열등 아래와 형광등 아래서 각각 다른 느낌의 사진이 된다. 백열등 아래서는 장파장인 난색이 돋보여 얼굴이 발그스름하게 나오게 되고, 형광등 아래서는 한색 계열인 중단파가 돋보여서 얼굴이 창백하게 나오게 된다. 이렇듯 고유의 색이 가지는 파장과 우리에게 인지되는 원리를 이해하면 우리가 색을 사용할 때 조금 더 효과적으로 사용할 수 있다.

색의 인지 과정

우리 눈을 통해 들어온 빛은 각막(cornea)를 통해서 망막(retian)에 도달하고, 망막층에 있는 세포들이 이러한 자극을 받아들여 색을 인지할 수 있게 된다. 이러한 감각 수용기에 있는 우리의 시각기관은 스스로 빛을 조절하는 기능도 있는데, 너무 강한 색이나 빛 등은 눈부심 현상을 통해 빛을 피하게 만들기도 한다. 우리의 시각기관 중 홍채는 빛의 양에 따라 동공의 크기를 조절한다. 홍채는 밝은 곳에서는 동공을 작게 만들어 빛을 조금만 들어오게 하고 어둠 속에서는 동공을 크게 열어 많은 양의 빛을 받아들인다.

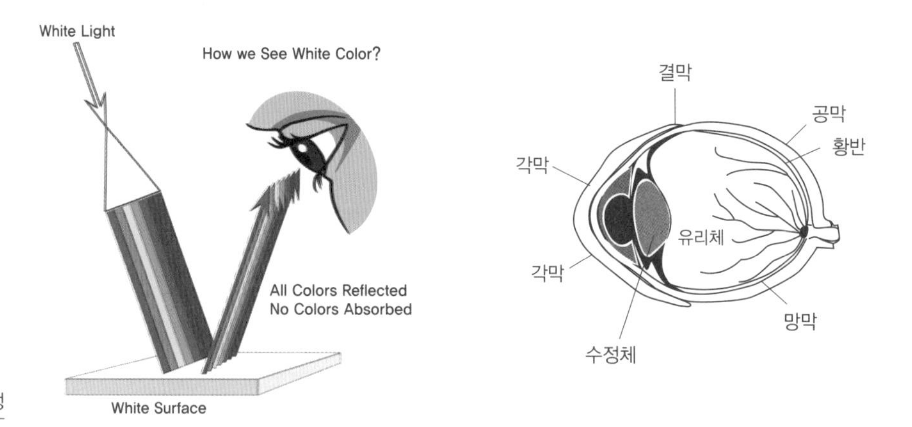

색의 인지 과정

색의 3요소

우리가 색을 인지할 때는 색상(hue), 명도(value), 채도(saturation)의 색의 3요소가 작용한다. 색상이란 빛의 파장으로 다른 색과 구별되는 그 색만이 갖는 고유한 성질이라고 할 수 있다. 명도는 색의 밝고 어두운 정도를 말한다. 어떤 색에 흰색을 섞으면 명도가 높아지고, 검은색을 섞으면 명도가 낮아진다. 채도는 색파장의 순수한 정도를 말하는데, 회색을 띠는 정도, 다시 말해 맑고 탁한 정도를 말하며 순색[2]이 같은 색 중에서도 채도가 가장 높다. 따라서 순색에 무채색을 혼합하면 채도가 낮아진다.

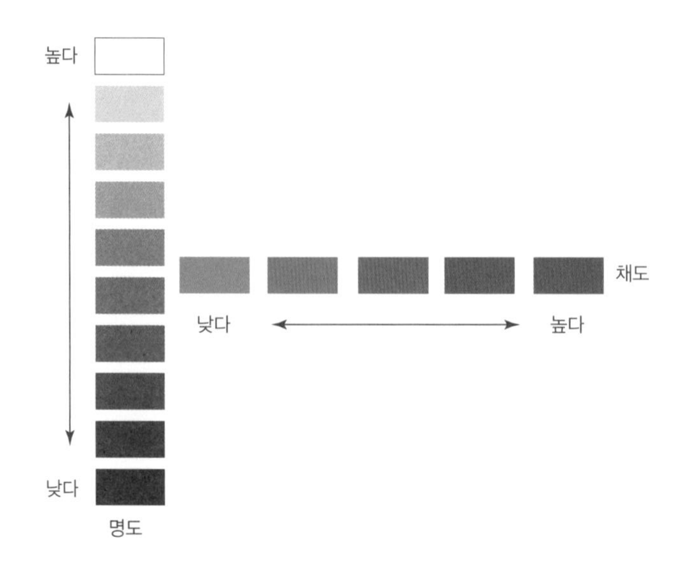

색의 체계

① 먼셀의 20색상환

미국의 화가이자 미술 교사였던 앨버트 헨리 먼셀(Albert Henry Munsell)은 1858~1918년 사이에 먼셀의 20색상환[3]을 개발하였다. 이것은 학생들에게 색상에 대해서 더 체계적으로 가르치기 위한 먼셀의 노력의 결과였고 현재까지 미술 교육이나 디자인에 걸쳐 넓은 분야에서 먼셀의 색 체계(munsell color system)가 사용되고 있다. 그는 자신의 20색상환에서 색을 빨강, 다홍, 주황, 귤색, 노랑, 노랑연두, 연두, 풀색, 녹색, 초록, 청록, 바다, 파랑, 감청, 남색, 남보라, 보라, 붉은보라, 자주, 연지 순으로 나열하였다. 이러한 먼셀의 색 체계는 전 세계적으로 통용되고 있고 우리나라의 한국공업규격 KS A0062에서도 먼셀의 색상환을 색채 교육용으로 채택하여 사용하고 있다.

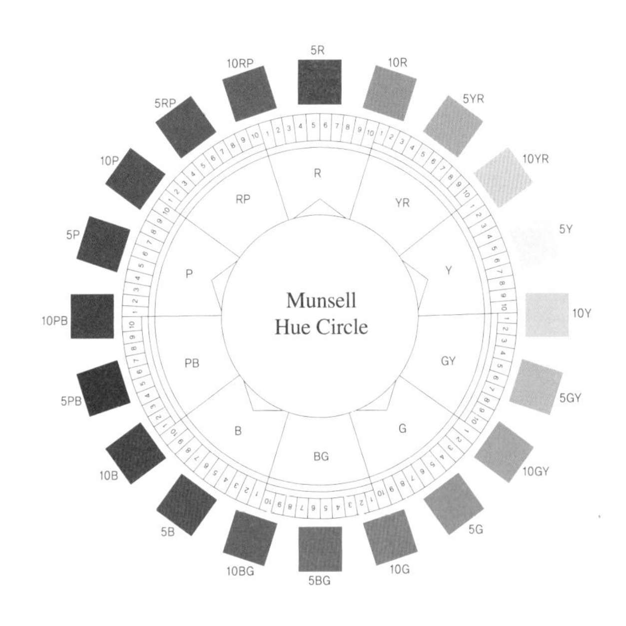

먼셀의 20색상환

2 순색 : 하나의 색상 중에서 채도가 가장 높은 선명한 색
원색 : 색의 제1차 색, 하나의 색을 더 이상 분색, 즉 분해시킬 수 없는 기본색
3 색상환 : 색의 변화를 둥글게 배열한 것

② 팬톤 시스템

팬톤 시스템(pantone system)은 미국의 팬톤 사가 자사의 색 표집에 의한 인쇄 잉크를 조색하여 일정 비율로 혼합하여 만든 색 체계이다. 이러한 팬톤 시스템은 색의 기본 속성에 따르지 않아 논리적인 순서로 구성되어 있지는 않지만, 실무를 위해 제작되었기 때문에 실용적이다.

팬톤 색상표

이러한 팬톤 사의 색 표집은 다양한 형태로 판매되고 있는데, 색상표를 펼쳐보거나 부분을 떼어 사용할 수 있는 책자로 구성되어 있고 별도 색지를 제공하기도 한다. 펜톤 색상표는 인쇄업계뿐 아니라 그래픽, 패션 분야 등에서 널리 이용되고 있는데, 디자이너들은 실제로 디자인물을 출력하거나 섬유의 색을 정할 때 팬톤 색상표를 보고 색을 고르게 된다. 실무에서 많이 사용되는 색상 시스템이다.

5 우리는 왜 파란색을 보면 시원함을 느끼게 될까?

눈은 색채를 감지하지만 우리가 총체적으로 색을 본다는 것은 우리가 그 색을 느끼고 해석하게 한다는 의미를 포함한다.

색채와 경험

우리의 대뇌에는 색에 대한 경험이 같이 저장되어 있기 때문에 어떤 색을 볼 때 그 색에서 경험한 것들을 함께 연상하게 된다. 우리가 넓게 펼쳐진 자연이나 푸른 잔디밭에서 편안함을 느끼는 것도, 파란 물을 보고 시원함을 느끼는 것도 그동안 살면서 쌓여온 우리의 경험에 의해서 느끼게 되는 것이다. 그렇기 때문에 개인의 경험에 따라 각자 선호하는 색이 다를 수 있다.

① 빨강(red)

© a katz / Shutterstock.com

• **RED KEYWORDS : 열정, 사랑, 위험**

우리 몸에서 중요한 역할을 하는 피의 색이기도 한 빨강은 그만큼 강인한 생명력이나 열정을 상징하는 색이다. 또한 인류가 발전하는 데 중요한 역할을 했던 불의 따듯함을 상징하는 색이기도 하다. 그래서 고채도의 빨간색은 강조의 용도로 많이 사용되는 색으로, 위험성을 알리기 위해 소방차나 소화기 등 위급함을 나타낼 때 많이 사용되는 색이다. 또한 멀리서도 눈에 띄는 주목성이 높아서 신호등의 정지 표시에도 사용되는 등 위험, 경고등을 알리는 색으로 많이 사용된다. 순색의 빨강은 기쁨, 사랑, 원기, 활동력을 상징하는 색이기도 하다. 저채도의 분홍에 가까운 빨강은 본래 색의 강렬함이 희석되어 여성스럽고, 소녀와 같은 이미지를 연상시킨다. 반면 검정이 섞인 어두운 빨강은 상처, 광란 등의 부정적인 의미를 나타내기도 한다. 다시 말해 빨간색은 긍정적인 의미로 따뜻함, 열정적, 외향적, 활기찬 등의 느낌을 주고, 부정적인 의미로는 상처의 피나 방화, 죽음, 고통, 광란, 전쟁이나 부정적인 느낌의 혁명을 나타내기도 한다.

② 주황(orange)

• **ORANGE KEYWORDS : 즐거움, 활력, 식욕**

주황은 외국의 과일인 오렌지에서 따온 색이므로 한국의 전통 개념에서는 많이 사용하지 않은 색이다. 이렇듯 예전부터 동양보다는 서양에서 주황을 더 많이 사용하였는데 풍성함, 식욕 그리고 가정과 즐거움 상징하는 색이어서 서양에서는 추수감사절이나 할로윈 데이 등의 축제를 나타낼 때 사용하기도 한다. 또한 외국에서 주황은 즐거움과 활력을 상징하는 색이기도 한데, 고명도의 주황은 활기차고 따듯한 느낌을 나타내고 저명도의 갈색에 가까운 주황은 나무나 자연물을 나타내는 색에 가까워 자연스러움과 포근함을 상징한다. 또한 주황은 결혼이나 가정, 은혜, 자부심과 야망, 지혜를 나타내기도 한다. 하지만 악담이나 사탄 등의 부정적 의미로도 쓰인다. 주황은 우호적인 느낌을 나타내는 경우에도 자주 사용되는데 심리학에서 주황은 타인에 대한 존경, 타인의 의견에 대한 동의나 좋은 본성을 뜻하기도 한다.

③ 노랑(yellow)

• **YELLOW KEYWORDS : 에너지, 권력, 배신**

노랑은 색상 중에서 가장 높은 반사력을 가지고 있어 멀리서도 인지도가 높은 색이다. 우리는 태양을 표현할 때 노랑을 많이 사용한다. 이처럼 노랑은 에너지, 따스함, 권력, 힘을 상징한다. 노랑이 권력이나 힘을 상징하였기 때문에 중국에서는 황제와 귀족들만이 노랑의 황금색 옷을 착용할 수 있었다. 또한 유치원생들이 노란색 옷을 유치원복으로 입는 경우가 많은데 이것은 노랑이 어린아이와 순수함을 상징하는 색이기 때문이다. 노랑은 이렇게 밝음, 힘, 권력, 자손의 번창, 확대, 지혜, 순수함 등의 긍정적 의미를 가지고 있지만 반대로 배신, 속임수, 겁쟁이, 질투를 상징하기도 하는 색이다. 또한 노랑도 빨강과 마찬가지로 가시성이 높아 주의 표지판에 많이 사용되고 있다.

④ 초록(green)

• **GREEN KEYWORDS : 평화, 안전, 중립**

초록색은 자연에서 풍부하게 찾을 수 있는 색이다. 그래서 휴식과 위안을 상징하는 색이기도 하다. 하지만 초록색이 과거부터 인기 있는 색은 아니었다. 과거의 초록색은 이교도들의 종교 의식에 사용되어 초기 기독교인들 사이에서는 부정적인 색으로 인식되어 사용을 금했다. 차후에 문학 작품 속 영웅 로빈 후드(Robin Hood)가 사용하여 그 이미지가 의롭고 희망적이게 바뀌면서 사람들에게 긍정적 의미의 색이 되었다. 초록은 우리에게 안전, 안정, 포근함을 느끼게 한다. 비상 탈출구 표시와 멈춤에서 보행으로의 전환을 의미하는 초록색 신호등이 안전의 의미로 사용된 대표적 예이다.

초록색은 생명, 대지의 풍요, 봄, 희망, 동정심, 순응, 신선함, 영혼의 회복 등의 긍정적 의미로 사용된다. 평안함을 느끼기게 충분할 만큼 시원하면서도 친근감을 느끼게 하는 서민의 색이기도 하며, 심리학에서는 넘치는 건강을 뜻하기도 한다. 반면 질투, 격노, 천박함, 도덕적 타락, 광기, 재앙 등의 부정적 의미로도 사용된다.

⑤ 파랑(blue)

© Arcansel / Shutterstock.com

• **BLUE KEYWORDS : 신뢰, 우울, 차가움**

우리가 매일 보게 되는 하늘은 파란색을 띠고 있다. 한색의 대표적인 색인 파랑은 보는 사람에게 맑고 시원한 느낌을 준다. 밝은 파란색은 진실과 충성을 나타낸다. 그리고 파랑은 차분하고 이성적임을 나타내는 색이기도 하다. 이성적이고 전문적인 분야를 나타낼 때도 많이 사용되는 색이다. 그래서 우리나라 IT 등의 첨단 산업에 주력하고 있는 삼성에서도 그 로고를 파란색으로 디자인하여 이성적이고 첨단화된 기업의 이미지를 나타내고 있다. 또한 파랑새의 파랑은 희망을 상징하기도 하고 어두운 파란색은 우울함을 나타내기도 한다. 맑은 파랑은 투명함과 맑음, 하늘 축제를 상징한다. 이렇게 파랑의 긍정적인 의미로는 고요한 바다, 명상, 신선함, 순수함, 염원, 진실 등이 있다. 반면에 어둡고 짙은 파랑은 밤과 폭풍우 치는 바다, 우울, 좌절, 의심과 낙담을 나타내기도 한다. 심리학에서 파랑은 신중하고 자기 반성적인 색이며 지적인 이미지, 자신의 의무를 다함, 생각이 깊은, 휴식을 나타내기도 하는 색이다.

⑥ 보라(purple)

• **PURPLE KEYWORDS : 고귀함, 신비, 허영**

보라색은 가장 나중에 만들어진 색이다. 보라는 빨강과 파랑이 섞여 만들어진 혼합색으로 빨강과 파랑의 특성을 모두 가진 색이다. 염색기술이 발달되지 않은 과거에는 보라색을 만드는 데 비용이 많이 소요되었다. 따라서 보라색은 귀족의 고귀함, 절대적 지배력의 상징이었고 힘, 정력, 우아함, 화려함을 상징하는 색이다. 또한 보라는 향수나 기억을 상징하는 색이기도 하다. 보라의 부정적인 의미로는 허영, 불륜, 폭력, 사직, 비하, 애도, 순교 등이 있다. 보라는 환상의 세계나 마법과 같은 신비함이나 순수함을 나타내는 색이기도 하다. 빨강의 여성적 이미지와 파랑의 남성적 이미지가 혼재되어 있는 보라색은 서양에서 동성애자의 상징으로도 많이 사용되고 있다.

⑦ 하양(white)

• **WHITE KEYWORDS : 순수, 평화, 청결**

결혼식 날 입는 신부의 드레스는 문화에 따라 다르긴 하지만, 순백의 하얀색인 경우가 가장 많다. 이것은 흰색이 순결을 상징하기 때문이다. 이처럼 하양은 긍정적 의미의 순결, 순수, 믿음, 평화, 항복을 상징한다. 또한 흰색은 청결함을 상징하기도 하는데 병원의 의사 가운이나 식당의 주방장 조리복이 일반적으로 흰색인 이유도 이러한 분야가 청결을 중요시하기 때문이다. 그래서 우리는 청결, 완벽, 정화, 진실을 나타낼 때도 흰색을 사용한다.

'백의민족'은 예부터 우리나라를 일컫는 말이었던 만큼 우리 민족은 과거에도 흰색 옷을 즐겨 입었다. 과거 다른 나라에서는 하얀색이 수의의 색으로 쓰였는데, 고대 로마와 중세 프랑스에서는 죽음을 애도하는 색이기도 했다. 외국 만화나 영화에서 유령들이 흰색 천을 쓰고 등장하는 경우가 많은데 이처럼 흰색은 영적인 것이나 추위, 공허함 등의 부정적 의미도 지니고 있다. 영어식 표현 중 '하얀 거짓말(white lie)'은 악의가 없는 선의의 거짓말을 뜻하기도 한다.

⑧ 검정(black)

© 360b / Shutterstock.com

© JPstock / Shutterstock.com

• **BLACK KEYWORDS : 부(권력), 세련됨 , 죽음**

문명이 발전하기 전 불이나 등이 없던 시절, 인간의 생활은 동물과 비슷하였기 때문에 해가 지고 뜨는 것이 활동에 많은 영향을 미쳤다. 이때의 사람들은 위험한 동물들이 다가오는 것을 잘 알아볼 수 없어 밤의 어두움을 두려워했다. 그렇기 때문에 검정은 빛을 모두 흡수하는 어둠, 무존재, 절망, 암흑과 같은 부정적 의미를 가지고 있다. 그리고 이처럼 검정이 삶 또는 죽음과 직접적인 관련이 있음으로써 사람들은 검정을 중요한 색으로 인지하기 시작하였다. 검정은 악, 죄, 늙음, 아픔, 부정, 침묵을 상징하기도 한다. 대체적으로 부정적 의미를 많이 지니고 있던 검정은 현대에 와서 강하고 세련됨을 의미하는 긍정적인 색으로도 쓰이고 있다. 그래서인지 많은 명품 브랜드에서 검정을 로고의 색으로 채택하여 그 브랜드의 품격이나 부를 상징하고 있으며 강대한, 위엄 있는, 지적인, 신성한, 엄격함을 나타내기도 한다.

⑨ 회색(grey)

• GREY KEYWORDS : 도시, 중립, 무관심

회색은 검은색과 흰색이 합쳐져 만들어진 혼합 색이다. 모노톤의 색이라고 불리는 회색은 검은색의 의미에서 파생된 부정적인 의미인 은퇴, 슬픔, 겸손, 무관심을 나타내기도 한다. 회색은 검은색과 흰색의 배합에 따라 따뜻함과 차가움을 모두 줄 수 있지만, 보통 철, 건물, 기계와 같이 차가운 느낌을 상징할 때 많이 쓰이는 색이다. 그래서 '회색도시'라는 표현은 산업화·기계화로 삭막해진 도시를 표현할 때 자주 사용된다. 극단적인 색, 즉 흰색과 검은색의 가운데에 위치한 회색은 사회적으로 가장 많이 수용되는 중간색이기도 하다. 회색은 예술적 연출, 의상의 조화(앙상블), 건물, 기계, 실내 장식 등의 배경으로 사용하면 좋다. 회색의 긍정적인 연상으로는 성숙, 신중, 회개, 단념, 회상 등이 있고, 부정적 연상으로는 중화, 이기심, 의기소침, 무력 , 무관심, 겨울, 비통함, 후회 등이 있다.

EXERCISE
연습해 보기

1. 자신을 대표하는 색을 찾아보자.

• 고른 색 :

2. 색의 원래의 의미와 연관지어 자신과 그 색이 어울리는 이유를 설명해 보자.

• 이유 :

6 색은 어떻게 사용해야 할까?

두 가지 색 이상을 같이 놓고 보았을 때 한 가지 색이 다른 색의 영향을 받아 다르게 보이게 되는 것을 색의 대비라고 한다. 다시 말해 같은 색이어도 주위에 어떤 색을 배치하느냐에 따라 상대적으로 색채의 속성이 달라 보일 수 있다. 그러므로 디자이너는 색의 대비를 이해하고 항상 전체적인 색의 조화를 생각하여 색을 사용해야 한다.

색상 대비

색채 간의 차이를 느끼게 하는 주요 요인이 색상인 경우를 색상 대비하고 한다. 색상환의 체계를 더욱 세분화하여 색상을 나누어 보자. 예를 들어 파랑과 보라 사이의 색상을 50가지 이상으로 쪼개어 나누어 보면 그 미묘한 차이를 인지하기란 쉽지 않다. 이렇듯 색상환에서 인접한 색상끼리의 대비는 약하게 나타나지만 반대에 위치한 색상의 차이는 명료하게 느껴진다. 색상 차이가 작

색상 대비를 이용해 가시성을 높인 표지판

은 배색을 사용하면 전체적으로 부드럽고 자연스러운 느낌을 만들어 낼 수 있다. 이러한 색상 차이가 크지 않은 배색은 안정감 있는 분위기를 만들어 낼 수 있고, 반대로 색상 차이가 큰 배색을 사용하면 주목성을 높일 수 있다. 집중력을 요하거나 멀리서도 잘 보여야 하는, 즉 가시성을 높여야 하는 디자인을 할 때 이렇게 색상 차이가 큰 배색을 사용하면 좋다.

명도 대비

명도 대비는 밝기가 다른 두 색이 서로의 영향을 받아서 밝은색은 더 밝게, 어두운 색은 더 어둡게 보이는 현상이다. 예를 들어 아래의 검은색 바탕과 연회색 바탕의 사각형 안에 동일한 명도를 가진 회색 사각형을 두었을 때 연회색 바탕에 둔 작은 사각형이 검은색 사각형 안의 네모보다 더욱 어두운 회색으로 보이는 것을 명도 대비라고 한다. 명도차가 클수록 대비 현상은 더 강하게 일어난다. 그리고 무채색의 명도뿐만 아니라 유채색의 명도 사이에서도 대비 현상이 일어난다.

무채색의 명도 대비(좌)와
유채색의 명도 대비(우)

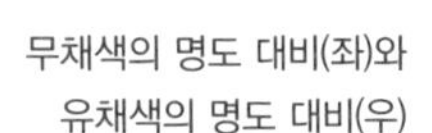

채도 대비

채도 대비는 주변에 놓인 색의 정도에 따라 더 맑게 또는 더 탁하게 보이는 현상을 말한다. 채도가 서로 다른 두 색이 배색되어 있으면 채도가 높은 색은 더욱 선명해 보이고, 채도가 낮은 색은 더욱 탁하게 보이는 현상이다. 즉, 채도가 높은 색 가운데에 채도가 낮은 색을 둘 때 가운데 색은 채도가 더 낮은 것으로 보이며, 반대로 채도가 낮은 색의 가운데에 채도가 높은 색을 둘 때 가운데 색이 채도가 더 높게 보이는 현상을 말한다.

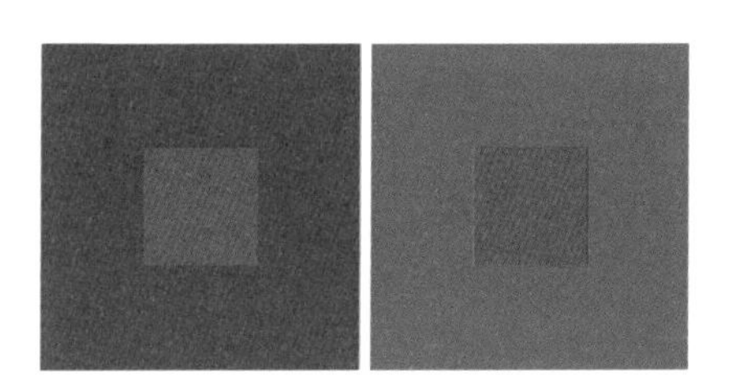

채도 대비의 예

한난 대비

색은 온도에 따라서 난색, 한색, 중성색으로 분류할 수 있다. **난색(warm color)**은 장파장의 색으로 따뜻한 느낌을 주는 색을 말한다. 빨강, 주황, 노랑이 대표적인 난색 계열인데 이러한 난색을 사용하면 팽창과 진출의 느낌과 심리적으로 따뜻한 느낌을 줄 수 있다. 반면 청록, 파랑, 남색은 한색에 속하는데 이러한 **한색(cool color)**은 단파장의 색으로 차가운 느낌을 준다. 이러한 한색들은 수축과 후퇴의 느낌을 주고 심리적인 긴장감을 유발한다. 회색은 난색과 한색의 구분이 명확하지 않은데, 이렇게 난색인지 한색인지 명확하게 알 수 없는 색을 **중성색(mono color)**이라 하고 녹색과 보라색, 무채색 계통의 색이 여기에 포함된다.

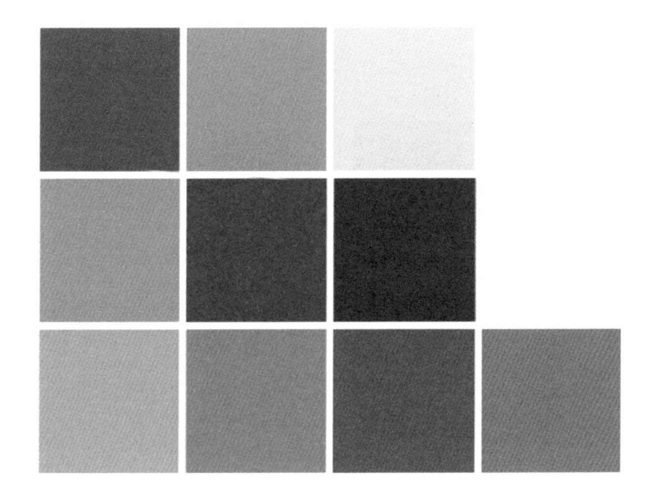

난색

한색

중성색

보색 대비

보색 대비는 서로 반대되는 색들끼리 나타나는 대비 효과로 보색끼리 이웃해 놓았을 때 색상이 더 뚜렷해지면서 선명하게 보이는 현상을 말한다. 순색의 보색 대비는 색상환에서 가장 반대되는 색을 같이 두었을 경우를 말한다. 보색은 서로를 선명하고 풍부해 보이게 하는데, 보색 대비는 순색에서만 느껴지는 것이 아니라 저채도의 중성색에서도 그 효과가 나타난다.

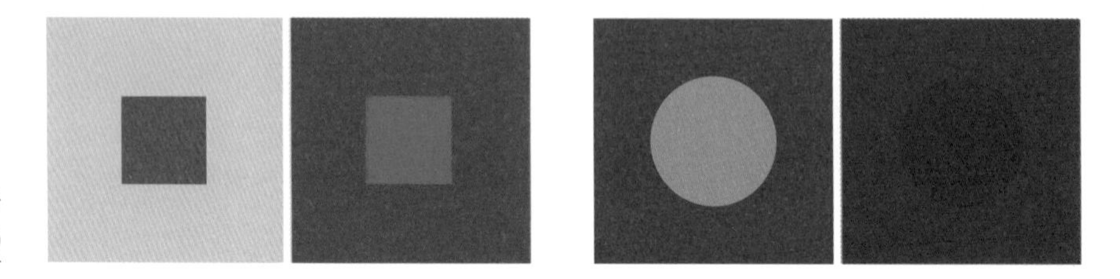

순색의 명도 보색 대비(좌)와
중성색의 보색 대비(우)

면적 대비

색의 면적에 따라 색채가 서로 다르게 느껴지는 현상을 말한다. 면적이 커지면 그 색의 명도 및 채도가 더욱 증가되어 보인다. 따라서 그 넓은 면적을 차지하는 색은 실제보다 더욱 밝고 채도가 높아 보이게 된다. 반대로 면적이 작아지면 명도와 채도가 더욱 감소되어 보이게 되는 것이 면적 대비이다. 그러므로 정해진 면적 안에서 고명도의 색은 그 면적을 작게, 저명도의 색은 그 면적을 크

면적 대비의 예

게 하면 색의 균형을 유지할 수 있다. 또한 고채도의 색은 면적을 작게, 저채도의 색은 면적을 넓게 배치하면 채도에 의한 균형도 유지된다.

계시 대비

어떠한 색을 보고 난 후 바로 다른 색을 보았을 때 먼저 본 색의 영향으로 다음에 본 색이 원래의 색과 다르게 보이는 현상을 계시 대비라고 한다. 즉, 먼저 본 색의 잔상이 남아 나중에 본 색과 혼합되어 보이는 것을 말한다. 이러한 계시 대비는 시간적으로 잠깐 나타나게 되는 대비현상이다. 예를 들어 다음 그림의 빨강 네모를 보다가 노랑 사각형을 보게 되면 순간적으로 노랑 사각형 안에 빨강 네모가 존재하는 것처럼 보인다. 이러한 계시 대비는 시간차를 두고 보았을 때 일시적으로 일어나는 현상으로 시간이 지나면 사라지게 된다.

계시 대비의 예

EXERCISE
연습해 보기

색종이로 명도 대비, 채도 대비, 보색 대비, 면적 대비를 표현해 보자.

1. 색종이로 명도 대비, 채도 대비, 보색 대비, 면적 대비를 만들어 보자.

명도 대비

채도 대비

보색 대비

면적 대비

2. 작업이 끝나면 다른 친구들의 작업과 자신의 작업을 비교하고 토론해 보자.

7 모니터와 출력색은 왜 다를까?

"처음 실무를 접하게 된 디자이너들은 컴퓨터 화면 속 디자인 색과 출력물의 색이 달라 곤욕을 치르는 일이 종종 발생하곤 한다. 왜 이런 일이 발생하는 걸까? 이러한 일을 방지할 수 있는 방법은 없을까?"

이러한 일을 방지하기 위해서는 모니터에서의 색 구현 원리와 인쇄 시 색 구현 원리의 차이를 알아야 한다. 그러면 먼저 색의 감산 혼합법, 가산 혼합법이 우리가 사용하는 컴퓨터 화면과 인쇄에 사용되는 컬러모드와 어떤 관계가 있는지 알아보자.

가산 혼합법

어두운 방안에 들어가서 형광등을 켜면 방안이 밝아질 것이다. 형광등을 하나 더 켜면 방안은 더욱 밝아진다. 밝은 빛을 계속적으로 더해서 혼합해 나가면 방은 낮과 같이 아주 밝아지는데, 이렇게 빛을 혼합해서 점점 밝아지게 하는 혼합방법을 가산 혼합법이라고 한다. 이러한 방법은 자연광을 비롯한 빛으로 화면을 보여주는 컴퓨터, TV, 무대조명과 같이 빛으로 색을 혼합하는 매체

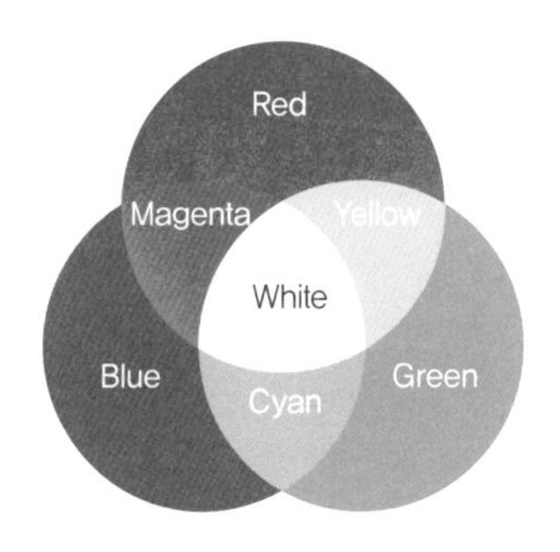

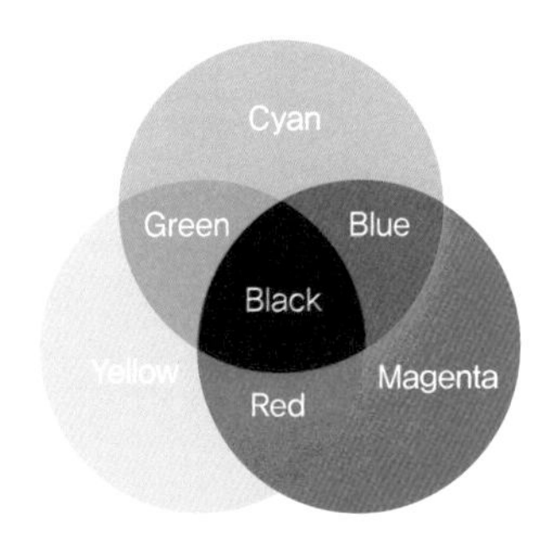

가산 혼합(좌)과 감산 혼합(우)

에서 사용되는 혼합법이다. 우리가 디자인 시 가장 많이 사용하고 있는 컴퓨터 모니터도 이러한 가산 혼합법을 사용한다. 가산 혼합법은 빛의 3원색인 빨간색(Red), 녹색(Green), 파란색(Blue)을 섞어서 색을 만들어 내는 것인데 모니터의 색상 모드를 RGB로 표기한다. RGB는 빨간색(R)과 녹색(G), 그리고 파란색(B)이 어떤 비율로 섞여서 새로운 색을 만들어 냈는가를 표기하는 방식이다. 빛을 가하면 점점 밝아지듯 빛의 3원색인 빨간색, 녹색, 파란색을 모두 섞었을 때 흰색을 얻는다.

감산 혼합법

인쇄 시에 사용되는 혼합법은 감산 혼합법인데 이것은 빛의 혼합으로 점점 밝아지는 가산 혼합법과 달리 물감은 섞을수록 점점 어두운 검정에 가까워진다. 가산 혼합법의 색의 3원색은 색의 2차 색으로 초록과 파랑의 혼합색인 사이언(Cyan), 빨강과 노랑의 혼합색인 마젠타(Magenta), 그리고 빨강과 초록의 혼합색인 옐로(Yellow)이다.

우리가 작업하는 컴퓨터 화면은 보통 RGB로 설정되어 있기 때문에 RGB 모드로 생성된 이미지는 인쇄 시에는 감산 혼합법인 CMYK 모드로 바꿔서 출력해야 한다. 일반적으로 RGB를 CMYK로 바꾸면 명도와 채도가 낮아지는데

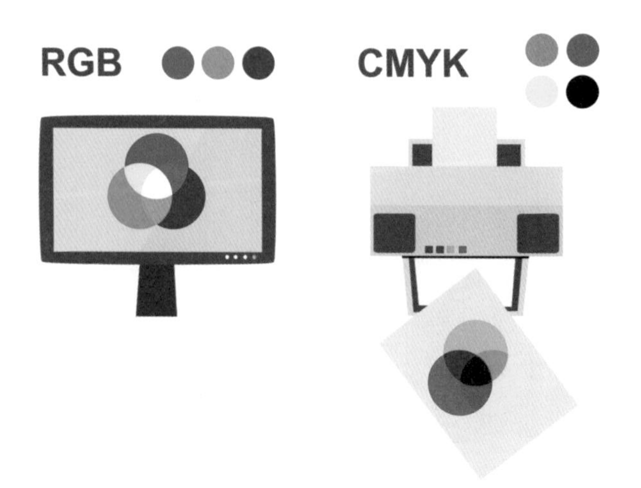

- RGB : 가산 혼합, 웹상 색상 모드
- CMYK : 감산 혼합, 프로세싱 컬러, 인쇄(출력)용 모드

이는 모드의 변환 과정에서 색의 차이가 발생하기 때문으로 인쇄소로 보내기 전 색상 칩으로 직접 확인해 보는 것도 좋은 방법이다. CMYK는 인쇄물 작업 시 설정해야 하는 모드로 기본색인 사이언(C), 마젠타(M), 옐로(Y), 그리고 검정(K) 물감을 섞어 만드는 감산 혼합 모드이며, 프로세스 컬러라고도 불린다.

> 가장 좋은 방법은 처음부터 작업할 이미지가 웹상에 존재하는 작업일 경우는 RGB로, 인쇄물로 출력되는 경우는 CMYK로 설정하고 작업하는 것이다.

8 우리나라를 대표하는 색은 무엇일까?

© Andrey Shchekalev / Shutterstock.com

우리나라의 색

우리나라를 나타내는 색은 무엇일까? 우리나라의 국기에 사용된 빨강이나 파랑이 떠오를 수도 있고 우리나라의 국화인 무궁화의 색이 떠오를 수도 있다. 2010년 서울은 디자인 수도로 선정되어 서울을 상징하는 10가지 색을 택하여 공공 디자인에 사용해오고 있다. 단청빨간색, 은행노란색, 남산초록색, 서울하늘색, 고궁갈색, 꽃담황토색, 삼배연미색, 한강은백색, 돌담회색, 기와진회색이 한국의 대표 10가지 색이다. 그중에서도 단청빨간색은 2002년 월드컵을 기점으로 우리 국민의 단합을 상징하면서 시민들의 선호도가 가장 높은 색으로 여러 곳에 사용되고 있다.

오방색

우리나라 색의 역사를 살펴보면 그 시작은 오방색이라 할 수 있는데 오방색은 검은색(흑), 흰색(백), 파란색(청), 빨간색(홍), 노란색(황)을 뜻한다. 이러한 오방은 동서남북 그리고 우리나라의 사계절을 대표하는 색과 중심이 되는 노랑을 포함하고 있다. 오방색 각각의 의미와 뜻을 살펴보면 검은색(N1)은 북쪽을 뜻하고 겨울을 나타내는 색이다. 수호신 중 현무를 상징하기도 한다. 파란색(3PB2.2/10.1)은 동쪽과 동시에 봄을 나타낸다. 만물이 자라나는 봄의 청정한 생명력을 상징하는 색이다. 그리고 수호신 중 청룡을 상징한다. 빨간색(6.9R3,4/11.4)은 남쪽을 상징하는 색으로 주작을 뜻한다. 가장 강한 생명력을 상징하는 빨간색은 여름의 열기를 나타내기도 한다. 흰색(N9)은 서쪽을 나타내고 계절로는 가을을, 수호신 중 백호를 상징하는 색이다. 노란색(7.5 8.7/9.1)은 중앙과 우주의 중심을 뜻하므로 다섯 가지 색 중에서 가장 고귀한 색으로 취급되었다. 그래서 임금님의 옷도 노랑의 황금계열이 많았다.

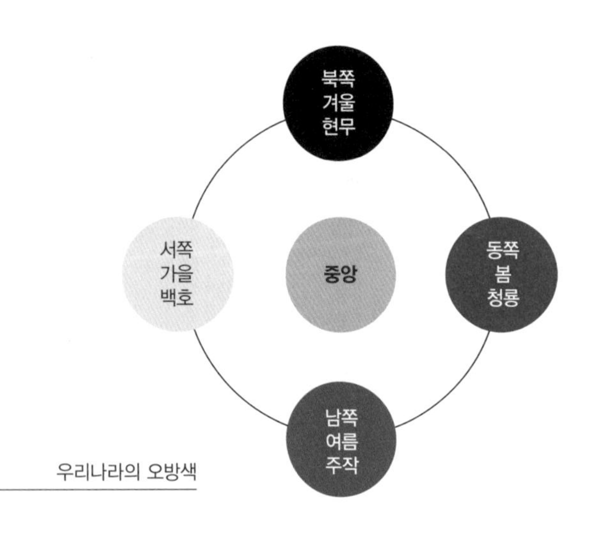

우리나라의 오방색

9 색은 디자인에 어떻게 활용되고 있을까?

코카콜라 하면 떠오르는 색은 무엇일까? 아마도 빨강일 것이다. 어떤 브랜드를 생각하면 특정색이 떠오르게 하는 것이 컬러 마케팅이다. 브랜드 이미지를 색과 연관지어 사람들에게 인식시키는 것이다. 그 대표적인 예로 쥬얼리 회사인 티파니앤코(Tifany & Co)의 경우에는 티파니 블루라는 자신의 브랜드 색을 특별하게 만들어 사용하고 있다. 그리고 엠앤엠즈(M & M's)나 비타민 워터 등은 맛에 따라 색상을 달리함으로써 그 브랜드의 특징을 나타낸다. 이렇게 기업들이 컬러 마케팅에 주력하는 이유는 색채를 사용했을 때 소비자들이 보다 더 강력하게 그 브랜드를 기억하기 때문이다.

© Tetiana Shumbasova / Shutterstock.com
© Chrispictures / Shutterstock.com
© Angela Royle / Shutterstock.com
© ferdyboy / Shutterstock.com
© aperturesound / Shutterstock.com
© Sheila Fitzgerald / Shutterstock.com

색채 마케팅을 사용한 코카콜라, 티파니앤코, 엠앤엠즈, 비타민 워터

10 질감은 무엇일까?

질감은 어떤 재료가 가진 표면의 성질을 말한다. 표면이 유리처럼 매끄러운 것도 있고 벽돌이나 모래사장 같이 우둘투둘하고 거친 질감도 있다. 질감은 촉각적 질감과 시각적 질감으로 나눌 수 있다. 촉각적 질감은 우리가 피부를 통해 직접 실제로 만져서 느껴지는 감촉을 말하고, 시각적 질감은 만지지 않고도 우리 눈에 친숙한 질감을 보고 인지하는 것을 말한다.

촉각적 질감의 예

촉각적 질감

우리 주위를 둘러싼 자연은 각기 다른 무궁무진한 촉감을 가지고 있다. 촉각적 질감은 이처럼 자연 속, 생활 속에서 우리가 손으로 직접 만져서 느껴지는 실제적 감촉을 말한다. 얼음의 차가움, 깃털의 보드라움, 바다의 차가움 같이 우리의 손이나 피부의 접촉을 통해 직접적으로 느껴지는 질감을 예로 들 수 있다. 모든 분야의 디자이너들이 이러한 재질감에 대해서 깊이 있게 관찰하고 공부해야 하지만, 특히 사람이 직접 입는 옷을 디자인하는 패션 디자이너나 물건을 생산하는 제품 디자이너, 그리고 공간 디자이너들은 이런 직접적인 촉각적 질감에 대해서 깊이 있게 연구해야 한다.

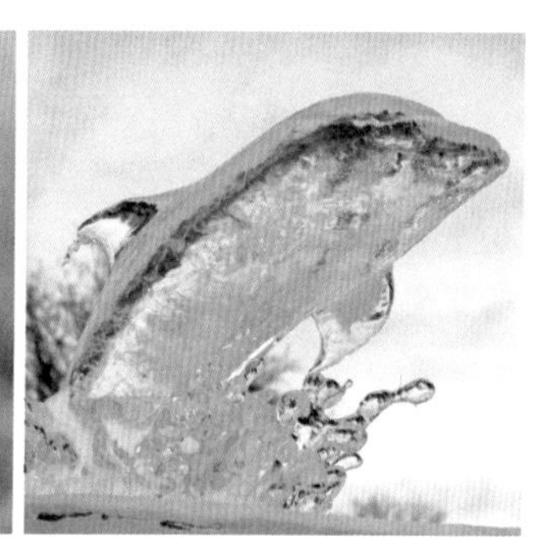

시각적 질감의 예

시각적 질감

시각적 질감이란 눈을 통해 보는 것만으로 우리가 전에 만져보고 느꼈던 질감을 생각나게 하며 마치 만져 본 것과 같이 느껴지는 것을 말한다. 이러한 시각적 질감은 바삭함을 강조해야 하는 스낵 패키지, 시원함과 청량함을 표현해야 하는 음료 패키지 등의 음식 관련 패키지나 피부의 매끄러움을 표현해야 하는 화장품 광고에서 많이 사용하고 연구되고 있다.

시각적 질감을 제품 패키지나 광고에 사용한 예

시간도 디자인할 수 있을까?

11

시간에는 객관적 시간과 주관적 시간이 존재한다. 객관적 시간이라는 것은 상영시간이 2시간인 영화, 50분의 수업시간, 10분의 휴식시간과 같이 어떤 일이 실제로 일어나는 시간을 말한다. 하루가 24시간이고 1시간이 60분인 것은 누구도 부정할 수 없는 객관적인 시간이다. 이렇듯 객관적 시간은 누구나 똑같이 인정하는 물리적 시간이고 주관적 시간은 같은 시간이어도 개인적으로 시간이 다르게 느껴지는 것을 말한다.

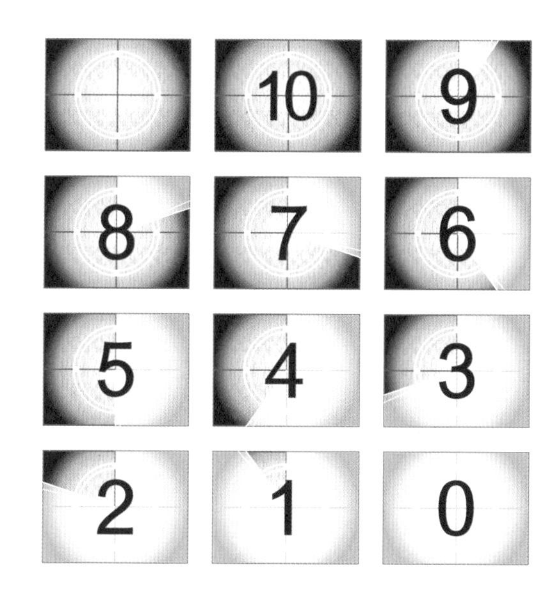

시간의 흐름

객관적 시간

객관적 시간에서 시간의 방향은 과거에서 현재로, 현재에서 미래로 흐른다. 아기에서 유아로 그리고 청소년, 청년이 되어 노년을 맞이하거나 봄이 가고 여름이 오고 다시 가을·겨울이 오는 것, 아침이 되어 해가 뜨고 점심이 지나 저녁이 되어 해가 지는 것 또한 자연스러운 시간의 흐름이라고 볼 수 있다.

그러나 영화나 드라마와 같은 영상물의 편집은 이야기를 더욱 흥미롭게 진행하기 위해서 이러한 객관적 시간을 변화시키는 경우가 많다. 전개에 따라 시간의 흐름을 조절할 수도 있는데, 시간을 초월할 수도 있고 시간을 멈추게 할 수도 있다.

객관적 시간의 예

주관적 시간

주관적 시간은 심리적 시간이라고도 할 수 있는데 시청자가 개인적으로 다르게 느낄 수 있는 지속시간을 말한다. 우리가 상영시간이 2시간인 영화 한 편을 보았다고 생각해 보자. 만약 영화의 내용이 흥미롭다면 2시간은 마치 1시간처럼 짧게 느껴지겠지만 볼수록 지루한 영화라면 2시간이 3시간처럼 느껴질 것이다. 이처럼 같은 시간이어도 사람에 따라 그 길이가 다르게 느껴지는 것을 주관적 시간이라고 한다. 혹시 〈매트릭스(The Matrix)〉(1999)라는 영화를 본 적이 있는가? 〈매트릭스〉에는 대부분의 사람들이 명장면 중 하나로 꼽는 장면이 있다. 바로 총알이 날아가는 모습을 매우 느리게 슬로 모션으로 표현한 장면인데, 주관적 시간을 사용함으로써 보는 사람의 흥미를 유발한 대표적인 예라고 할 수 있다. 이렇게 디자인에서도 우리가 만들고자 하는 목적에 따라 시간을 빨리 흐르게 하거나 슬로 모션으로 천천히 흐르게 할 수도 있으며, 미래 또는 과거로 돌아가게 할 수도 있다.

영화 〈벤자민 버튼의 시간은 거꾸로 흐른다(The Curious Case Of Benjamin Button)〉(2008)는 주인공인 벤자민 버튼이 다른 사람과 반대로 시간을 역행하는 구조를 가졌다. 주인공은 태어났을 땐 노인이었다가 점점 영화의 후반부로 갈수록 어려져 결국 태아의 모습으로 생을 끝내고 만다. 이것도 시간의 흐름이 주제에 맞게 거꾸로 바뀐 경우라 할 수 있다. 그리고 살인사건이 일어나고 범인을 찾는 범죄 스릴러 영화나 탐정물의 경우도 사건이 일어나고 과거로 돌아가는 형식을 통해서 시청자들의 흥미를 유발한다. 이렇듯 영화나 드라마 시나리오에서의 시간 편집은 이야기를 더욱 흥미롭게 만들기 위해서 사용되고 있다.

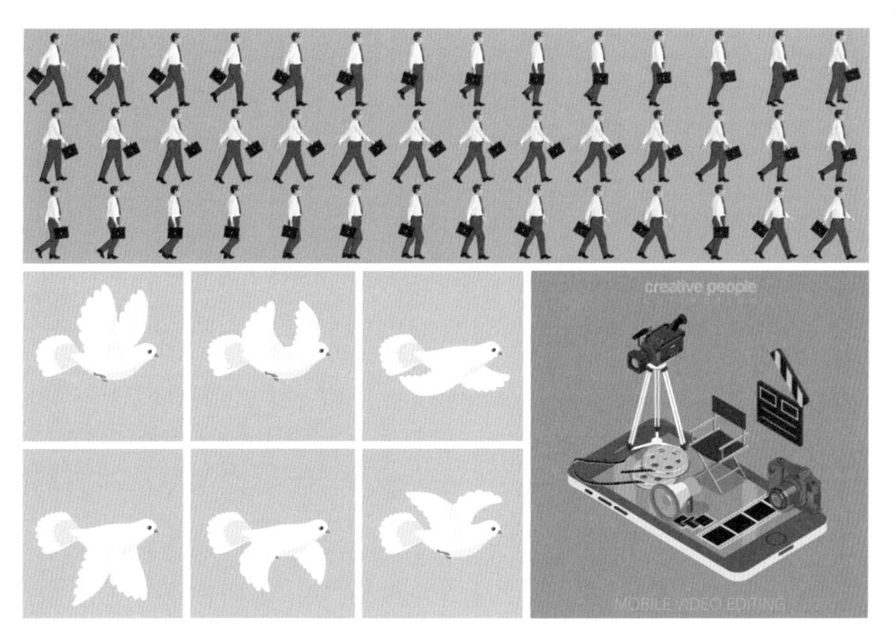

주관적 시간의 예

EXERCISE
연습해 보기

1. 오늘 하루의 일과를 시간의 순서대로 적어 보자.

2. 자신에게 중요한 사건의 순서대로 재배치해 보자.

하루 일과를 시간의 순서대로 배치

중요한 사건 순으로 재배치

12 좋은 디자인을 하려면 무엇을 알아야 할까?

좋은 디자이너가 되기 위해서는 조형의 원리인 스케일, 통일, 변화, 조화, 균형, 율동, 강조, 패턴, 움직임 등을 이해해야 한다. 이러한 조형의 원리를 알고 이것을 디자인에 적절하게 적용하면 디자이너가 원하는 효과적인 디자인을 만들어 낼 수 있다. 디자인의 조형 원리를 하나씩 알아보자.

스케일

스케일은 형태의 크기를 말한다. 대표적인 예인 지도의 경우 정확한 스케일은 유지하면서 축소해서 표시하고 있다. 디자인에서도 스케일은 중요한 역할을 한다. 디자인에서 스케일은 구성 요소나 배경의 공간 관계를 조절하는 것을 말한다. 특히 공간 디자이너에게는 정확한 스케일을 측정하고 축소하여 스케치에 표현하는 것이 중요하다. 모든 디자인에서 우리는 특정 대상에 시각적인 중점을 두고 크기를 다르게 해서 흥미를 유발시킬 수 있다. 아래의 그림을 보면 같은 형태의 별모양이나 글씨도 크기에 따라 다른 느낌을 줄 수 있다. 이처럼 스케일(크기)을 조절해서 다양한 표현을 할 수 있다.

스케일 조절의 예

통일

디자인에서 통일은 전체적으로 사용된 구성 요소가 부분적으로나 전체적으로 동질성을 가지고 있는 것을 말한다. 통일성을 만들 수 있는 방법으로는 형태, 크기, 방향, 색채 등의 조형 요소 중 일부를 같게 또는 비슷하게 배치하는 방법이 있다. 전체적인 통일감을 강조한 디자인은 보는 사람들에게 안정적이고 정갈한 느낌을 줄 수 있다.

© meunierd / Shutterstock.com

통일의 예

변화

변화란 통일과 반대되는 개념으로, 디자인 구성 요소의 성질이나 모양, 색채 등을 기존과 다른 방법으로 다양하게 표현하는 것을 의미한다. 즉, 반복되는 구성을 피하고 각 요소가 가진 특징적 차이를 강조함으로써 변화를 만들어 낼 수 있다. 획일된 요소들로만 이루어진 디자인은 보는 사람에게 지루함을 줄 수 있으므로 몇 가지 구성 요소에 변화를 주어 디자인에 생동감과 역동성을 표현할 수 있다.

변화의 예

조화

조화는 구성 요소들이 부분 혹은 전체적으로 질서를 이루고 서로의 공감대를 형성한 상태를 말한다. 조화에는 유사조화와 대비조화가 있다. **유사조화**는 비슷

색상에 의한 대비조화(좌)와 유사조화(우)의 예

하거나 같은 특성을 가진 구성 요소들이 이루는 조화로, 부드러운 느낌을 주지만 단조로울 수 있다. **대비조화**는 다른 특성을 가진 구성 요소들이 모여 이루는 조화로 긴장감과 강렬한 느낌을 만들어 낼 수 있다.

균형

균형은 전체적인 조형 요소들에서 안정과 통일감을 느낄 수 있게 하는 요소이다. 균형을 이루게 하는 요소에는 대칭, 비대칭, 비례 등이 있다.

대칭은 같은 형태가 마주보고 있는 형태로서 가장 안정적인 구성방법 중 하나이다. 대칭의 방법 중 상하좌우대칭은 기준선에서 반대되는 위치에 같은 형태를 배치하는 것이고, 방사대칭(회전대칭)은 중심점을 기준으로 어떠한 요소가 일정한 각도를 유지하면서 회전되어 나타나는 대칭이다. 이동대칭은 도형이 어떠한 규칙에 따라 평행으로 이동하여 생기는 형태적 특징을 말한다. 그리고 확대대칭은 도형이 규칙적으로 어떤 비율로 확대되는 형태를 의미한다.

대칭의 예

비대칭은 형태적으로는 불균형을 이루고 있으나 전체적으로 구성 요소들이 시각적으로 일정한 형식을 유지하고 있는 것이다. 이렇게 요소를 비대칭으로 두면 대칭을 이룰 때보다 긴장감과 흥미로움을 불러일으킬 수 있다.

스타벅스 사는 2011년 크리에이티브 컨설팅 회사인 리핀 코트(Lippincott)에 스타벅스 로고 리뉴얼을 의뢰하였는데, 리핀 코트는 세이렌(Siren) 얼굴에서 코의 오른쪽 부분을 약간 아래로 내려 왼쪽 부분이 비대칭을 이루도록 하였다. 이는 기존의 완벽한 대칭의 얼굴에서 주는 차가운 이미지를 바꾸기 위해서였다. 이처럼 세이렌은 얼굴을 비대칭으로 만들어서 인어가 완벽하지 않은 오묘한 미소를 띄게 함으로써 소비자에게 친근한 이미지를 주었다.

2011년 이후 리뉴얼된 스타벅스 로고에 사용된 비대칭

비례는 구성 요소들 간의 부분과 부분, 전체와 부분의 면적, 부피, 길이, 형태 등의 상대적인 비율이 이루는 아름다움을 말한다. 사람들은 역사적으로 아름다운 비례를 찾으려는 많은 노력을 해왔다. 그중 시각적으로 가장 아름답고

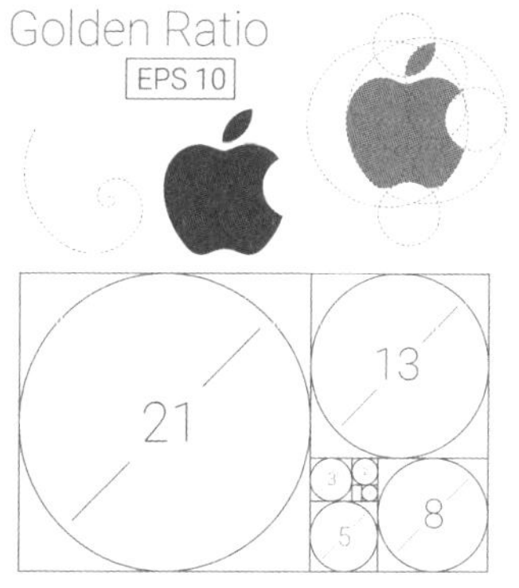

황금비율이 적용된 건축물(좌)과 애플 사 로고(우)

안정적으로 보이는 비율을 찾아냈는데, 이것은 세로와 가로의 비가 1 : 1.618을 이룰 때였다. 우리는 이러한 비율을 **황금비율**이라 부른다. 이러한 황금비율은 우리에게 시각적 안정감을 주기 때문에 우리가 사용하는 명함이나 엽서, 신용카드를 디자인할 때 많이 사용된다. 또한 웹 사이트의 구성에서도 황금비율을 사용하는 경우가 많다.

율동

디자인에서 율동은 형태나 색채가 반복되어 느껴지는 아름다운 변화를 말한다. 디자인에서 이러한 율동을 사용하는 이유는 생기, 발랄함을 줄 수 있기 때문이다. 우리는 구성 요소들 사이의 적절한 통일감 변화를 통해 율동을 나타낼 수 있는데 이러한 방법에는 반복과 점이가 있다. **반복**은 구성 요소를 일정한 간격을 두고 되풀이하는 것을 말한다. 이러한 반복은 안정감을 주지만 지나치면 지루함을 줄 수 있다. **점이**는 점점 확대되거나 점점 축소되는 것을 말한다.

패션에서 반복(좌)과 점이(우)를 통해 만들어 낸 율동

강조

강조는 긴장감을 주는 요소 중 하나로, 특정 부분의 형태의 크기나 색 등을 강화함으로써 변화를 주어 시선을 끌게 하는 것을 말한다. 전체적인 디자인 안에서 한 가지 요소만을 강조했을 때 그 강조된 부분에 우리의 시선이 집중된다.

강조는 **대비강조**, 분리강조, 방향강조 등으로 분류할 수 있다. 대비강조는 흔히 색채의 명도나 채도를 이용해 강조하는 방법이고 **분리강조**는 디자인 요소를 배치할 때 어떤 한 요소를 따로 떨어뜨려 그 부분을 강조하는 방법이다. 그리고 **방향강조**는 디자인의 구성 요소가 하나의 흐름을 가지고 방향성을 가지면 우리의 시선이 그쪽을 따라가게 되는 것을 말한다.

미니어처를 이용해
크기를 강조한 사례

패턴

패턴이란 하나 또는 그 이상의 요소가 어떤 정해진 규칙에 따라 결합해서 나타난 일련의 시각적 형태를 말한다. 단순한 형태의 기본 요소가 반복적으로 적용되어 새롭고 의미 있는 작용을 한다. 패턴은 일정한 간격을 두고 되풀이되는 것을 말하며, 동적인 느낌과 율동감을 나타낸다.

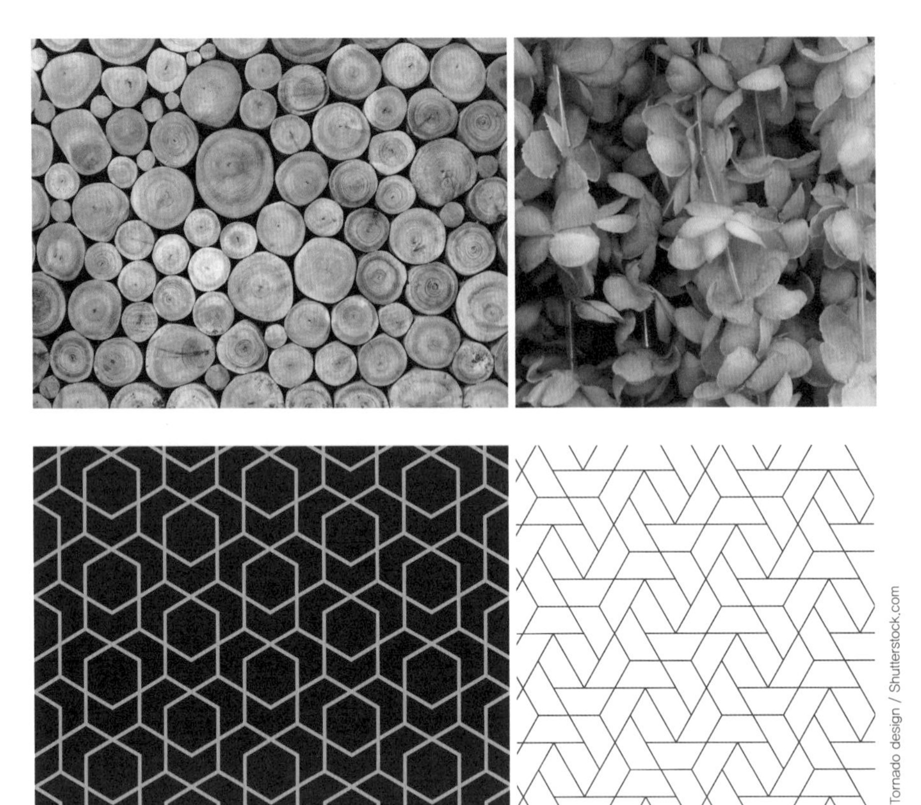

자연적 패턴(상)과
인공적 패턴(하)

움직임

움직임은 물체가 이동하는 모습으로 진자의 진동, 물체의 연속성, 활동성을 모두 포함한다. 다시 말해 움직임이란 디자인 안에서 동적인 변화를 만들어 내어 사람들의 시선을 끌고 생명력을 불어넣는 요소이다. 이러한 움직임은 과거 디자인이나 순수미술에서 생동감을 불어넣는 요소로 많이 사용되었다. 현재는 미디어의 발달로 동영상이나 영상 프로그램을 통해 직접적으로 속도감이나 움직임을 표현할 수 있게 되었다.

움직임의 예

EXERCISE
연습해 보기

1. 점, 선, 면을 사용하여 다음 조형 원리를 표현해 보자.

스케일

통일

변화

조화

균형

비례

반복

점이

강조

패턴

운동감

2. 다른 친구들의 작업을 자신의 작업과 비교하고 토론해 보자.

13 게슈탈트의 법칙은 무엇일까?

게슈탈트의 법칙

게슈탈트(gestalt)란 독일어로 형태를 뜻하는데, 게슈탈트의 법칙(law of gestalt)이란 형태 심리 이론 중 가장 널리 알려진 이론이다. 이러한 게슈탈트 이론은 사람들이 사물을 인지할 때 복잡하고 무질서해 보이는 대상들을 정리해서 보다 쉽게 지각하려는 성질이 있다는 것을 설명한 이론이다.

근접성의 법칙

게슈탈트의 근접성의 법칙(law of proximity)은 가까이에 있는 대상은 하나로 묶어서 인지한다는 법칙이다. 즉, 사람의 뇌가 멀리 있는 것보다는 가까이 있는 것들을 서로 연관지어 인식한다는 것이다. 아래의 그림을 보면 왼쪽의 모여 있는 사각형들은 하나의 덩어리로 인지되지만 오른쪽 사각형은 네 개의 줄로 나뉘어 있는 것처럼 보인다. 이렇게 가까이 있는 사물을 하나로 뭉쳐서 보이게 되는 법칙을 근접성의 법칙이라고 한다.

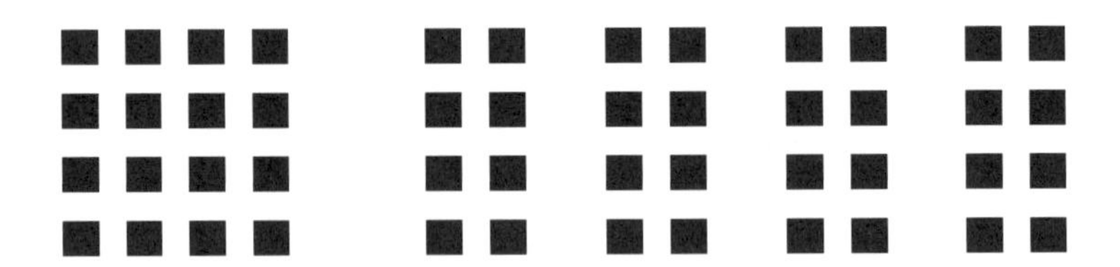

근접성의 법칙의 예

유사성의 법칙

유사성의 법칙(law of similarity)은 유사한 자극의 대상끼리 한데 묶어서 인식하게 된다는 법칙이다. 우리 뇌가 색, 질감, 형태 등의 자극 요소가 비슷한 특징을 가지면 그 요소들을 그룹화하여 보는 경향이 있다는 것이다. 예를 들어, 다음 그림에서는 도형들을 한 덩어리로 인지하기보다는 원은 원끼리, 사각형은 사각형끼리 묶어서 지각하게 된다. 이것이 유사성의 법칙이다.

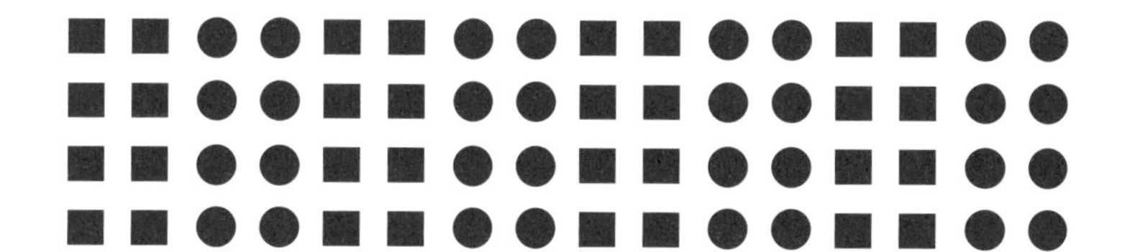

유사성의 법칙의 예

폐쇄성의 법칙

폐쇄성의 법칙(law of closure)은 우리 뇌가 기존의 지식을 토대로 불안정한 형태를 완성시켜 인지한다는 법칙이다. 아래 그림에서 IBM 로고를 파랑 선들의 모임으로 인지하지 않고 알파벳 I, B, M으로 인지하는 것은 우리가 기존에 알고 있던 지식을 통해 불연속적인 선을 완벽한 형의 형태로 인지한다는 것이다. 또한 오른쪽의 형태를 다른 무늬를 가진 8개의 검은 원으로 보지 않고, 하얀색 정사각형의 형태로 인지하는 것도 폐쇄성의 법칙을 따른 예이다.

폐쇄성의 법칙의 예

연속성의 법칙

연속성의 법칙(law of continuation)은 우리 뇌가 갑작스러운 변화를 좋아하지 않아 가능한 한 선의 부드러운 연속성을 추구한다는 것이다. 그래서 어떤 형상이나 그룹이 일정한 방향성을 가지고 연속적으로 배열되어 있을 때 이것을 전체의 고유한 특성으로 지각하여 그 배열 전체를 하나의 단위로 보게 된다는 법칙이다.

연속성의 법칙의 예

도형과 바탕의 법칙

아래의 왼쪽 그림은 두 사람의 옆모습으로도 보이고 꽃병으로도 보인다. 이 그림은 도형과 바탕의 차이점을 명확히 보여주는 동시에 도형과 바탕이 반전을 이루는 그림이다. 이처럼 형태의 인식은 고정된 것이 아니라 그 주변의 관계에 영향을 받는다는 것이 도형과 바탕의 법칙(figure & ground relationship)이다. 도형과 바탕의 법칙을 이용하면 시각적으로 인상적이고 기억하기 쉬운 디자인을 할 수 있다. 그 예로 빠른 서비스로 유명한 페덱스(Fedex)의 로고를 보면 E와 X 사이에 '빠르다'는 라는 것을 암시하는 화살표가 숨겨져 있는 것을 알 수 있다. 이러한 도형과 바탕의 반전으로 숨겨진 요소가 보는 사람들에게 흥미를 유발할 수 있기 때문에 브랜드 로고나 포스터 디자인 등에도 적용할 수 있다.

도형과 바탕의 법칙의 예

© tanuha2001 / Shutterstock.com

EXERCISE
연습해 보기

1. 원과 삼각형을 사용하여 게슈탈트의 법칙을 표현해 보자.

근접성의 법칙

유사성의 법칙

폐쇄성의 법칙

연속성의 법칙

도형과 바탕의 법칙

2. 다른 친구들의 작업을 자신의 작업과 비교하고 토론해 보자.

WHAT IS COMMUNICATION?

커뮤니케이션이란 무엇일까?

WHAT IS COMMUNICATION?

1 디자이너는 디자인의 내용을 대체 어떻게 전달하는 걸까?

디자이너는 디자인의 내용을 전달하기 위해 무언가를 디자인하는 사람이다. 디자인 분야를 막론하고 디자이너는 디자인을 통해 사용자와 소통한다. 제품 디자인 영역에서, 제품의 사용 방법이 사용자에게 전달되지 않는 디자인이라면 디자이너가 시도한 커뮤니케이션은 실패한 것이다. 공간디자인 영역에서 디자이너가 편안한 공간을 의도했을 때 사용자에게 그 공간이 편안하게 느껴진다면 성공적인 커뮤니케이션이라 할 수 있을 것이다. 시각디자인의 경우 커뮤니케이션이 정확하게 이루어져야 설명, 이해, 설득, 사용 등 해당 디자인의 목적이 달성된다. 이렇듯 디자이너는 디자인을 통해 그 디자인을 사용하는 사람들과 커뮤니케이션한다. 그래서 디자이너는 그들이 만드는 디자인이 어떤 과정을 거쳐 사람들에게 전해지는 지에 대해 공부할 필요가 있다. 디자인 커뮤니케이션에 대해 곰곰이 생각해 보기 위해 이번 장에서는 '커뮤니케이션'이란 무엇인지, 커뮤니케이션을 구성하는 요소에는 어떤 것이 있는지, 커뮤니케이션과 디자인이 무슨 상관인지 알아보려고 한다.

커뮤니케이션이란 무엇일까?

커뮤니케이션이란 송신자와 수신자 사이의 의사소통을 말한다. 커뮤니케이션의 종류를 흔히 언어적 커뮤니케이션과 비언어적 커뮤니케이션으로 나눈다. 무엇을 매개로 의사소통을 하느냐에 따라 매개가 '언어'일 때 이것을 '언어적 커뮤니케이션'이라 하고, 언어가 아닌 다른 것일 때 '비언어적 커뮤니케이션'이라 한다. 언어적 커뮤니케이션은 말하고 듣는 것을 토대로 한 음성 커뮤니케이션과 쓰고 읽는 것을 토대로 한 문자 커뮤니케이션으로 구분한다. 비언어적 커뮤

이모티콘 :
비언어적 커뮤니케이션의 사례

니케이션에는 수화 같은 사회적 약속에 의한 언어는 아니지만 언어처럼 사용되는 기호언어, 외국인과 서로의 언어를 모를 때 몸짓으로 의사를 표현하는 등의 행위적 요소가 들어간 행위언어 같은 것이 포함된다. 대화 중 사용하는 비언어적 요소도 비언어적 커뮤니케이션에 속한다. 이를테면 제스처, 말의 톤, 목소리, 표정, 눈빛 같은 것도 일상 속에서 우리가 흔히 접하는 비언어적 커뮤니케이션 요소이다.

인간은 언어를 사용하는 동물이기 때문에 언어적 커뮤니케이션이 소통의 기본이 된다. 그러나 비언어적 커뮤니케이션은 언어적 커뮤니케이션 못지 않게 중요하다. 같은 말을 어떤 표정과 어떤 목소리의 높낮이로 하느냐에 따라 전혀 다른 커뮤니케이션이 되기도 한다는 것을 우리는 일상 속에서 자주 목격한다. 수업시간에 선생님이 "옆의 친구와는 쉬는 시간에 이야기하도록 하자."라고 웃으면서 부드럽게 이야기하는 것과 화가 난 표정으로 톤을 높여 말하는 것은 수업 분위기에 전혀 다른 영향을 미칠 수 있다. 요즘 메신저에서 사람들이 일상적으로 사용하는 이모티콘의 경우도 언어적 표현이 하지 못하는 내용을 비언어적 방식으로 효과적으로 전달한다.

디자이너는 왜 커뮤니케이션에 대해 공부할까?

디자인은 그냥 심심해서 혼자 공책에 끼적이는 그림이 아니다. 생각이나 가치를 전달하려는 조형 표현물인 것만도 아니다. 대부분의 경우 디자인 커뮤니케이션은 다른 사람, 대체로 대중이라 해도 무방할, 많은 사람들이 보고 이해할 수 있게 만드는 디자인 결과물이다. 책이나 브로슈어를 비롯한 편집물의 표지, 내용, 웹사이트의 정보 디자인, 행사의 내용과 일정 및 장소가 담긴 포스터, 회사나 브랜드의 아이덴티티 디자인과 적용물들, 제품을 보관하고 제품과 관련된 정보를 제공하는 패키지 디자인, 그림책, 일러스트레이션 등 대부분의 디자인 결과물은 누군가가 보고 읽고 해석할 것을 전제로 디자인한다.

디자이너는 커뮤니케이션 상황에서 주로 '송신자'의 입장에서 '메시지'를 담은 매개물을 만들며, 소비자 혹은 사용자에 해당하는 '수신자'가 어떻게 해석할 것인가를 고려해서 디자인을 해야 한다. 이런 작업을 보다 논리적으로 하기 위해 디자이너는 커뮤니케이션에 대해 공부하는 것이다.

디자인 커뮤니케이션의 구성 요소

- 송신자 : 메시지를 전달하는 사람(예 디자이너)
- 수신자 : 메시지를 받는 사람(예 사용자, 독자, 시청자 등)
- 메시지 : 디자인이 궁극적으로 전달하고자 하는 내용
- 채널 : 디자인이 전달되는 통로(예 종이, 공기, TV 채널, 웹 등)

THINK ABOUT
생각해 보기

다음의 각 커뮤니케이션 상황에서 '송신자', '수신자', '메시지', '채널'을 찾아보자.

1. 친구와 전화로 통화를 했다.

- 송신자 :
- 수신자 :
- 메시지 :
- 채널 :

2. 수업시간에 교수님이 이론시험과 실기시험 방법을 설명하신다.

- 송신자 :
- 수신자 :
- 메시지 :
- 채널 :

3. TV로 예능 프로그램을 시청했다.

- 송신자 :
- 수신자 :
- 메시지 :
- 채널 :

4. 대선후보가 유세장에서 사람들에게 연설을 한다.

- 송신자 :
- 수신자 :
- 메시지 :
- 채널 :

5. 선배의 설명이 이해되지 않아 카카오톡 창에 물음표가 잔뜩 들어간 불쌍한 표정의 이모티콘을 보냈다.

- 송신자 :
- 수신자 :
- 메시지 :
- 채널 :

6. 페이스북에 오늘 점심에 먹은 팥빙수의 사진과 맛에 대한 설명을 업로드했다.

- 송신자 :
- 수신자 :
- 메시지 :
- 채널 :

2 디자인을 통해 커뮤니케이션을 잘 하려면 어떻게 해야 할까?

커뮤니케이션 이론은 매체를 연구하는 분야에서 일찍이 발달해왔다. 디자이너가 디자인 결과물을 만들고 이것을 사용자가 사용하는 과정 역시 커뮤니케이션 과정이라는 점을 생각할 때 디자이너에게도 커뮤니케이션 이론과 모델들은 도움이 되는 면이 있다. 이 장에서 제시하는 모델들은 몇 가지 고전적인 커뮤니케이션의 모델이다. 우리는 디자이너 입장에서 몇 가지 모델들을 다루어 보려고 한다.

디자인은 누가, 무엇을, 어떤 매체로, 누구에게 보내, 어떤 효과를 가져오는 걸까?

라스웰의 SMCRE 모델(1948)

라스웰(Harold Lasswell)이 발표한 라스웰의 모델은 초기 커뮤니케이션 모델 중 하나로, 언어로 표현된 모델이자 선형으로 제시된 모델이다. 라스웰의 모델은 누가, 무엇을, 어떤 매체를 통해, 누구에게 말해, 어떤 효과를 얻는가를 표현한다. 이 모델은 송신자가 매체를 통해 수신자에게 메시지를 전달할 때 어떤 효과가 있는가를 설명하는 모델이다. 약자를 따서 SMCRE 모델[1]이라고 하기도 한다.

'누가(Source)'는 커뮤니케이션에서 송신자, 보내는 사람이다. 광고에서는 광고주 혹은 광고 모델, 디자인에서는 디자이너 혹은 디자이너가 디자인에 사용하는 모델이다. '무엇을(Massage)'은 커뮤니케이션 메시지를 말한다. 이 광고, 디자인, 콘텐츠가 궁극적으로 하려는 이야기가 메시지이다. '매체

1 SMCRE 모델 : 송신자(Source), 메시지(Massage), 매체(Channel), 수신자(Receiver), 효과(Effect)를 선형으로 제시한 모델

(Channel)'는 광고, 콘텐츠, 디자인을 전달하는 수단이 되는 것을 말한다. TV 방송, 라디오 방송, 유튜브 채널, 신문, 잡지, 포스터 등이 매체이다. '누구에게(Receiver)'는 수신자, 받는 사람, 사용자이다. 이 광고, 콘텐츠, 디자인을 보는 사람, 사용하게 되는 사람을 의미한다. '효과(Effect)'는 커뮤니케이션 결과가 어떠한가에 대한 부분이다. 이 광고, 콘텐츠, 디자인을 보고 내가 광고에 나온 과자가 먹고싶어졌거나, 콘텐츠에서 언급한 게임이 해보고 싶어졌거나, 전시 홍보 포스터가 소개하는 전시회에 가보고 싶어졌다면 커뮤니케이션의 효과가 송신자의 의도대로 나타난 것이다.

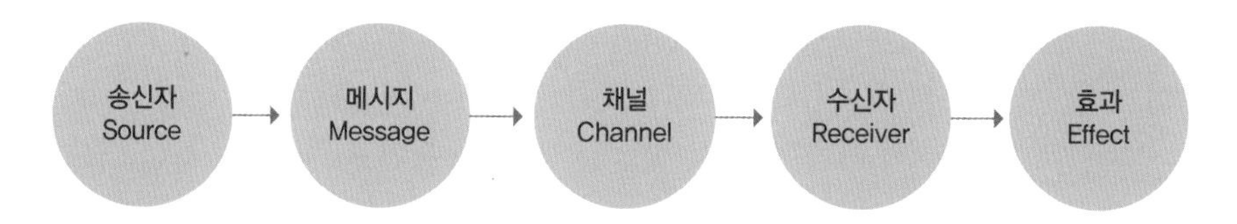

라스웰의 모델

라스웰의 모델은 이처럼 커뮤니케이션을 '효과' 관점에서 접근한 모델이라는 점이 특징이다. 이러한 이유로 라스웰의 모델은, 한편으로는 커뮤니케이션의 효과 관점에서 주로 송신자의 입장에서만 커뮤니케이션을 바라본다는 점과, 커뮤니케이션 과정을 지나치게 단순하게 설명한다는 점 때문에 비판을 받기도 한다. 그러나 다른 한편으로는 그럼에도 불구하고 커뮤니케이션의 효과가 커뮤니케이션에 관여하는 사람들의 주요 관심사일 수밖에 없다는 점에서 이 모델은 여전히 의미 있는 모델로 여겨지고 있다.

THINK ABOUT
생각해 보기

1. 최근 일주일 안에 보았던 TV 프로그램 혹은 유튜브 채널 중 한 가지를 선택해 라스웰의 모델을 적용해 해석해 보자.

- 프로그램명 :

이 프로그램은...

1) 누가 :

2) 무엇을 :

3) 어떤 매체를 통해 :

4) 누구에게 말해 :

5) 어떤 효과를 얻었는가 :

2. 요즘 듣고 있는 음악의 앨범 재킷 디자인(혹은 음원을 대표하는 그래픽)을 선택해 라스웰의 모델을 적용해 해석해 보자.

- 앨범명:

이 앨범 디자인은...

1) 누가 :

2) 무엇을 :

3) 어떤 매체를 통해 :

4) 누구에게 말해 :

5) 어떤 효과를 얻었는가 :

섀넌 & 위버의 모델(1949)

섀넌과 위버(Shannon & Weaver)의 모델은 기계를 통한 신호 전송 개념으로 시작한 커뮤니케이션 이론이다. 기계적 커뮤니케이션에서 시작해 일상적 대화상의 커뮤니케이션이나 매스 커뮤니케이션에도 적용할 수 있다. 섀넌과 위버의 모델은 다른 커뮤니케이션 모델에 많은 영향을 준 모델이기도 하다.

정보원(information source)은 송신기(transmitter)로 메시지를 보내고, 송신기는 메시지(message)를 신호로 **암호화(incode)**해 매체(channel)를 통과하게 하며, 매체를 통과한 신호는 수신기(receiver)에서 **해독(decode)**되어 메시지의 형태로 목적지(destination)에 도착한다.

섀넌과 위버의 커뮤니케이션 모델은 일정한 양의 정보를 목적지에 전달하는 가에 관심을 두고 있으며, 커뮤니케이션의 목적을 불확실성을 줄이는 것이라고 정의한다. 커뮤니케이션의 불확실성은 잡음(noise)을 통해 생겨난다고 보았다. 잡음은 기계상의 소음을 포함해 심리적 요인을 아우르며, 커뮤니케이션을 방해하는 모든 방해 요인을 말한다. 잡음이라는 개념을 도입한 것은 섀넌과 위버 모델의 특징으로 여겨진다.

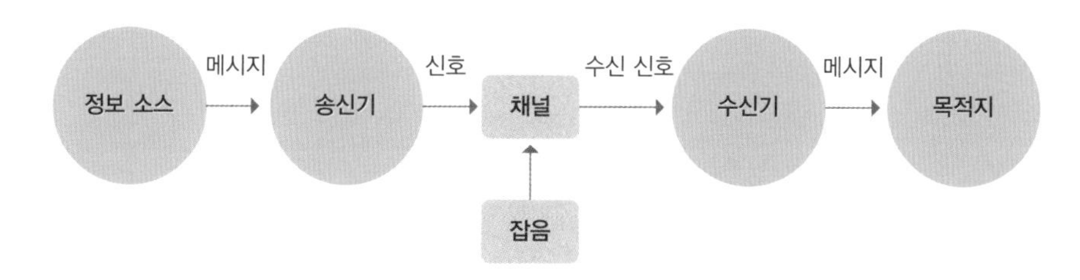

섀넌 & 위버의 모델

잡음은 송신자가 보낼 의도가 없는데 신호에 끼어들어 전달되는 무언가이다. 송신자가 보내려고 하는 내용이 아니기 때문에 사실상 송신자로부터 목적지까지의 메시지 전달을 방해하는, 커뮤니케이션을 방해하는 모든 요인을 잡음이라고 할 수 있다. 잡음은 다음과 같은 유형으로 구분할 수 있다.

- **물리적 잡음** 물리적 환경이나 공간 요소들이 커뮤니케이션의 방해 요인으로 작용하는 경우에 해당한다. 조명이 너무 세거나 약할 때, 공간이 너무 좁거나 넓을 때를 비롯해 물리적 방해 요인으로 인해 커뮤니케이션에 방해가 되는 경우를 말한다.

- **심리적 잡음** 심리적 요인이 커뮤니케이션에 방해가 되는 경우이다. 심리적으로 다른 생각에 빠져 있거나, 머릿속을 어지럽히는 일이 있을 때, 정신을 다른 곳으로 끄는 요인이 있을 때 등의 상황이 커뮤니케이션에 방해가 되는 요인이 될 경우, 이것을 심리적 잡음이라고 할 수 있다.

- **의미적 잡음** 의미적 전달력이 떨어져 커뮤니케이션에 방해가 되는 경우이다. 송신자가 자기만 아는 용어를 사용한다거나, 알려지지 않은 신조어를 사용해 해당 단어의 의미를 모르는 사람들이 있는 경우가 이에 해당한다.

디자이너는 커뮤니케이션 상황에서, 디자인이 사람들에게 전달되는 물리적 환경과 상황에 문제가 될 만한 '물리적 잡음'이 없는지, 디자인 결과물에 디자이너가 의도하지 않은 심리적 불편함을 유발하는 요소로 '심리적 잡음'이 생겨날 여지는 없는지 살펴볼 필요가 있다. 또한 '의미적 잡음'으로 일부 사람들이 디자인의 메시지를 이해하지 못하는 일이 없도록 신경 써야 한다.

THINK ABOUT
생각해 보기

디자이너가 디자인으로 커뮤니케이션하는 상황에서는 어떤 잡음이 발생할 수 있을까? 오늘 수업에서의 물리적/심리적/의미적 잡음의 사례를 찾아보자.

1. 물리적 잡음

2. 심리적 잡음

3. 의미적 잡음

* 물리적/심리적/의미적 잡음은 커뮤니케이션의 방해요인이다. 디자이너가 좋은 커뮤니케이션을 하기 위해 예측되는 잡음 요인은 제거하는 것이 좋다.

디자인에서 쌍방향 의사소통은 어떻게 이루어질까?

슈람의 모델(1955)

윌버 슈람(Wilbur Schramm)이 발표한 슈람의 모델은 세 단계에 걸쳐 완성되었다.

첫 번째 모델은 섀넌과 위버의 모델처럼 단순하다.

두 번째 모델에서는 '두 사람 간의 상호작용'이 모델 안에 진입하며, 정보원과 해독자가 경험의 장을 공유한다는 내용이 포함된다. 커뮤니케이션은 정보원과 해독자 간의 '공유되는 경험' 안에서 이루어진다. 그렇기 때문에 디자이너는 수신자와 송신자가 공유하는 경험과 문화에 대해 익숙할 필요가 있다. 디자이너가 기호를 만들고 이것을 사용자가 해석할 수 있어야 디자인이 제대로 역할을 다할 수 있다. 해석을 하기 위해서는 문화적 요소나 배경지식이 필요한 경우가 있기 때문이다. 예를 들면, 여의도의 IFC 몰에는 반려동물이 함께 들어올 수 있는 공간이라는 의미에서 'to강아지그림ther'라는 표현을 사용한 공간을 볼 수 있다. 강아지 그림을 보고 '개'라는 소리를 떠올리는 한국인에게 이 표현은 머릿속에서 자연스럽게 'together'로 읽힌다. 그러나 우리말을 모르는 사람이라면 무슨 의미인지 알 수 없을 것이다. 한글에 대한 이해나 경험이 없기 때문이다.

IFC몰의 기둥에 있는 디자인 : 송신자와 수신자의 경험을 바탕으로 인코딩과 디코딩이 이루어진다.

슈람의 세 번째 모델에서는 커뮤니케이션에 참여하는 두 당사자 모두를 송신자이자 수신자로 이해한다. 이 모델에서 커뮤니케이션에 참여하는 사람들은 신호를 코딩하는 일과 해석하는 일 모두에 관여한다. 송신자와 수신자 간의 피드백을 포함하는 쌍방향 의사소통 모델이다. 책이나 신문, 잡지와 같은 고전적인 매체나 TV, 영화와 같은 대중매체의 경우 일방향 커뮤니케이션에 더 가까운 경우도 있었다. 그러나 지금은 대중을 대상으로 하는 콘텐츠라도 웹사이트, 게시판 등으로 쌍방향 의사소통을 하는 경우가 더 많다. 블로그나 SNS 등 개인 매체의 사용으로 더욱 그런 경향이 두드러진다. 디자인 커뮤니케이션도 일방향이 아닌 쌍방향인 경우가 많으므로 디자이너가 생각해 볼 부분이기도 하다.

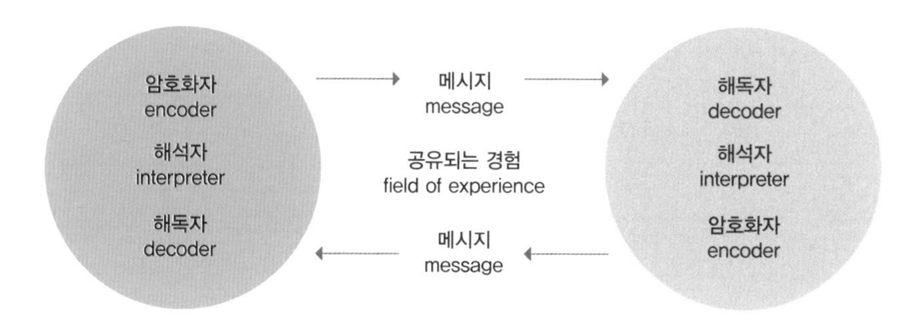

슈람의 세 번째 모델

THINK ABOUT
생각해 보기

1. 커뮤니케이션에 참여하는 두 당사자가 모두 송신자와 수신자인 관계의 예시를 들어보자.

2. 폴 랜드(Paul Rand)가 디자인한 IBM의 로고를 보고, 이 디자인의 커뮤니케이션에서 송신자와 수신자 간의 '공유되는 경험'이 어떻게 영향을 미쳤는지 적어 보자.

© IBM

우리는 디자인 콘텐츠를 어떻게 만들까?

거브너의 모델(1956)

우리는 디자인 콘텐츠를 어떻게 만들까? 다음의 사례를 먼저 살펴보도록 하자.

등굣길 학교 앞 카페에서 우연히 가수 BTS의 멤버들이 커피를 마시고 있는 모습을 보았다. 함께 수업을 들으러 가던 지윤이도 보았고 형민이도 보았다. 멤버 중 특히 지민의 열혈 팬인 지윤이는 지민의 모습이 주로 눈에 들어왔다. 지윤이는 페이스북에 이 사건에 대한 콘텐츠를 만들어 올려 페이스북 친구들에게 자신의 감동을 전하고 싶다는 생각을 했다. 형민이는 BTS에 큰 관심이 있는 것은 아니지만 친형이 BTS를 좋아해 형에게 이 사실을 알려주고 싶다는 생각이 들었다. 형민이는 형이 볼 수 있도록 인스타그램에 콘텐츠를 만들어 이 사실을 알리려고 한다.

이때 지윤이와 형민이가 만드는 콘텐츠는 어떻게 다를까? 지윤이와 형민이는 분명 같은 장면을 보았고 같은 상황을 경험했으나, 각자의 성향과 관점이 다르기 때문에 같은 이벤트에 대한 다른 정보를 선택할 확률이 커 보인다. 콘텐츠를 담는 매체나 형식도 각기 다르기 때문에 서로 다른 콘텐츠가 만들어질 것으로 보인다.

지윤이의 경우 BTS 멤버 중에서도 특히 관심이 있는 지민에 대한 정보를 선택할 확률이 높아 보인다. 페이스북에는 사진을 올릴 수 있고 글도 길게 작성할 수 있기 때문에 자신이 느낀 반가움과 즐거움을 설명할 수도 있다. 형민이의 경우 BTS에 특별한 관심이 있는 것은 아니지만 BTS를 좋아하는 형에게 '우리 학교 앞에 BTS이 왔다'는 사실을 알리고 싶으니 BTS 멤버 전체에 대한 정보를 선택할 확률이 높다. 특정한 느낌보다 객관적인 정황에 대한 표현이 나타날 공산도 크다. 글을 쓰는 공간이 없고 사진 중심인데 태그를 달 수 있는 인스타그램의 특성을 반영한다면 모든 멤버가 고르게 잘 나온 전체 사진과 평이한 태그들이 달린 콘텐츠를 만들었을지도 모를 일이다.

이렇듯 사건을 해석하고 정보를 선택하는 것, 이것을 토대로 만드는 콘텐츠의 형식과 내용에 대해 거브너(Gerbner)는 이렇게 설명한다.

거브너의 모델은 크게 두 영역으로 나뉜다. 어떤 사람이 어떤 사건을 지각하고 이것을 가공해 콘텐츠를 만든다고 할 때, 사건을 지각하는 영역과 콘텐츠를 만드는 영역이 나뉜다고 본 것이다.

첫 번째는 '어떻게 사건을 지각하는가'의 영역이다. 어떤 사건이 있을 때, 기자, 디자이너 등 사람 혹은 카메라 같은 기계는 사건과 관련된 모든 것을 100% 동일하게 지각하는 것이 아니다. 대부분의 경우 정보의 선택이 일어난다. 나에게 중요하다고 생각하는 정보를 우리는 우선적으로 지각하는 것이다.

두 번째는 '어떻게 콘텐츠를 만드는가'의 영역이다. 콘텐츠를 만들 때에는 디자이너가 선별한 정보와 형식이 결합한다고 본다. 어떤 형식, 어떤 매체와 결합하느냐에 다른 콘텐츠가 만들어질 수 있다.

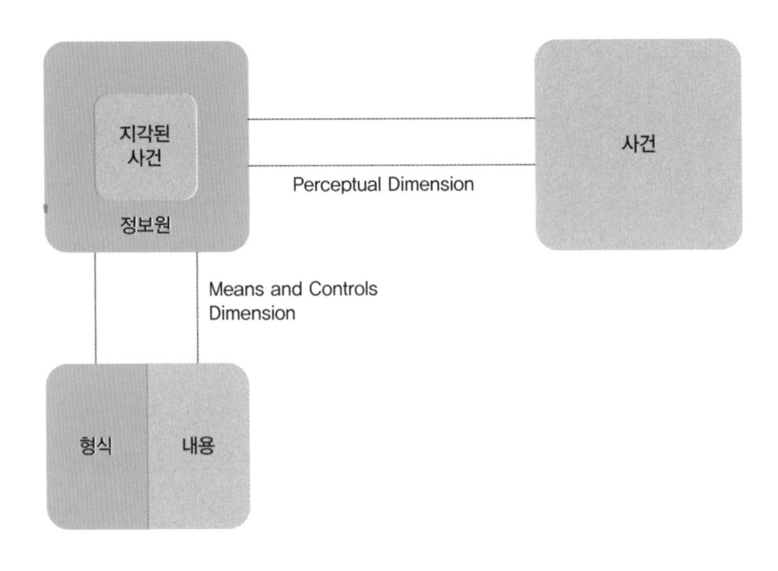

거브너의 모델

THINK ABOUT
생각해 보기

같은 수업을 듣는 친구인 혜인이와 준영이가 영화 시사회에 다녀왔다. 영화 평론에 관심이 많은 혜인이는 평상시 즐겨 읽던 칼럼을 쓰는 평론가의 해설을 열심히 들었고, 영화 자체에 몰입한 준영이는 시사회 내내 영화에 대한 생각에 빠져 있었다. 혜인이는 학교 신문에 이 후기를 만화로 그려 투고할 예정이며, 준영이는 자신의 페이스북 페이지에 사진과 글을 올리려고 한다.

1. 혜인이는 평론가의 해설 내용을 정리해, '영화의 감상 포인트'를 학교 신문에 4컷짜리 만화로 그려 투고하려고 한다.

2. 준영이는 자신의 페이스북에 영화감상문을 대표 사진과 함께 올리려고 한다.

3. 두 사람의 게시글이 어떤 차이가 있는지, 거브너의 모델을 적용하여 정리해 보자.

벌로의 모델(1960)

벌로(David Kenneth Berlo)의 모델은 기본적으로 SMCR 모델이다. 송신자 S(Source), 메시지 M(Message), 채널 C(Channel), 수신자 R(Receiver)로 이루어져 있다. 송신자인 S와 수신자인 R의 하부 내용은 동일하다. 커뮤니케이션 스킬, 태도, 지식, 사회의 시스템, 문화로 소개된다. 벌로의 커뮤니케이션 모델은 송신자와 수신자의 특성과 배경에 따라 메시지가 달리 해석될 수도 있다는 사실을 모델에서 이야기한다. 메시지 M에는 내용, 처리, 구조 등이 포함되고, 채널 C에는 인간의 오감이 하부 내용으로 구성된다. 벌로의 모델은 정보가 단순히 전달되는 것이 아니라 다양한 배경을 가진 송신자가 보낸 메시지를 다양한 배경을 가진 수신자가 해석하는 과정으로 보는 모델이라는 점에서, 정보의 해석을 중시하는 입장의 모델이라고 할 수 있다.

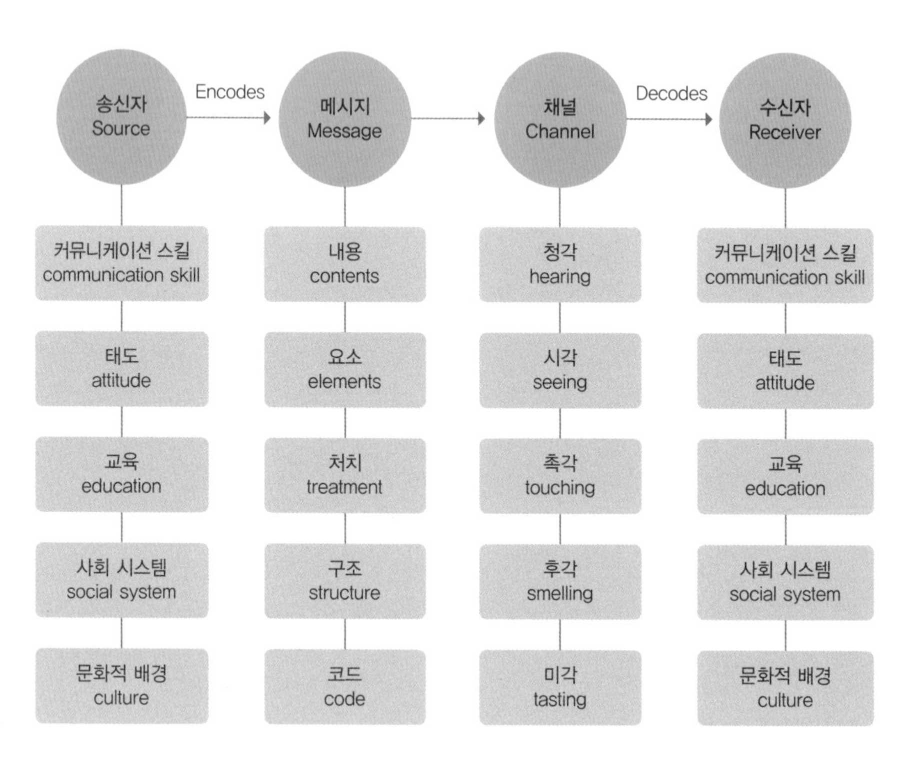

벌로의 모델

THINK ABOUT
생각해 보기

송신자와 수신자의 커뮤니케이션 스킬, 태도, 지식, 사회시스템, 문화가 어떤지 적어 보자.

1. 어린이를 위한 그림책을 만드는 경우

	송신자 =	**수신자 =**
커뮤니케이션 스킬		
태도		
교육		
사회 시스템		
문화적 배경		

2. 고등학생에게 배포할 우리 대학 설명 책자를 만드는 경우

	송신자 =	**수신자 =**
커뮤니케이션 스킬		
태도		
교육		
사회 시스템		
문화적 배경		

3 디자인 메시지와 콘셉트는 어떻게 다를까?

디자인 메시지, 디자인 콘셉트라는 말은 디자인과 학생이라면, 혹은 디자인 작업을 해본 사람이라면 자주 접하는 단어들이다. 그럼에도 불구하고 디자인 메시지와 디자인 콘셉트를 혼동하는 경우도 있고, 디자인 메시지가 무엇인지, 디자인 콘셉트가 무엇인지 잘 모르면서 대충 뭉뚱그려 사용하는 경우도 보게 된다. 여기에서 우리는 디자인 메시지와 디자인 콘셉트에 대해 생각해 보려 한다.

디자인 메시지와 디자인 콘셉트는 분명히 다르다. 간단하게 설명하면 디자인 메시지는 디자인 커뮤니케이션 관점에서 해당 디자인이 전달하고자 하는 내용이자 디자인의 목적에 가깝다. 디자인 콘셉트는 디자인 메시지를 효과적으로 전달하기 위해 해당 디자인을 어떤 방향으로 어떻게 전개할 것인가에 대한 고민에 가깝다. 하나씩 짚어가며 생각해 보도록 하자.

디자인 메시지란 무엇일까?

커뮤니케이션의 메시지는 상대방을 이해시키려고 만들어 보내는 신호이다. 디자인도 커뮤니케이션의 방법 중 하나이다. 따라서 디자인 메시지도 커뮤니케이션 메시지이다. 디자인 메시지는 송신자인 디자이너가 수신자인 사용자에게 전달하고자 하는 신호이다. 어떤 디자인이 전달하고자 하는 궁극적인 이야기가 디자인 메시지이다.

정보를 전달하는 디자인의 메시지는 정보의 내용이다. 포스터 디자인의 디자인 메시지는 포스터가 전달하려는 행사의 특성과 관련 정보이다. 설득의 목적을 가진 디자인의 디자인 메시지는 설득하려는 내용이다. 공익광고 디자인의 디자인 메시지는 공익 캠페인의 내용이다. 사용하기 위한 디자인(제품디자인)의 메시지는 어떤 사용을 위해 어떻게 사용하는 가를 담은 내용이다. 아이콘 디자인의 디자인 메시지는 이 아이콘을 클릭하면 어떤 프로그램이 작동하는 가이다. 디자인 메시지는 해당 디자인이 전달하려고 하는 궁극적인 내용이다. 디자인 메시지를 고려하지 않고 디자인을 하면 자칫 원래의 목적과 상관없는 결과물이 될 수 있다. 디자이너가 메시지가 무엇인지 잊고 디자인을 했을 때, 이를테면 시각적인 완성도는 매우 높지만 그것을 클릭했을 때 어떤 일이 일어날지 전혀 예측할 수 없는 아이콘 디자인 같은 것이 만들어질 수 있다. 어떤 의미를 가진 아이콘인지 사용할 때마다 헷갈려서 클릭과 취소를 반복하게 만드는 디자인은 결코 좋은 디자인이 아니다. 디자인 메시지를 결정할 때는 이 디자인은 무엇을 위해 디자인하는 것인지 해당 디자인의 목적을 잘 살펴보아야 한다.

디자인 콘셉트란 무엇일까?

콘셉트라는 단어는 원뜻을 생각하면 '개념'이라는 의미이다. 정확하게 정의하고 사용해 왔다기보다 다의어의 성향을 가진 상태에서 대략적으로 정의하고 습관적으로 사용해 온 용어였다. 광고에서의 콘셉트는 소비자와 제품을 연결할 수 있는 테마를 의미하기도 하고, 아이디어의 핵심을 콘셉트라고 부르기도 했다.

디자인 콘셉트는 차별화되는 가치로, 디자인 메시지를 잘 전달하기 위해 디자인에 부여하는 어떤 주제 같은 것이다. 디자인 메시지 전달이라는 목적을 위해 가장 적합한 방법을 찾는 것이 디자인 콘셉트를 잡는 것이다. 디자인 콘셉트는 디자인 메시지의 전달력을 높이거나 사용자의 호기심을 자극하기 위해, 혹은 사용자의 호감도를 높이기 위해 만들어내는 장치라고 볼 수 있다.

디자인 콘셉트를 찾는 것은 디자인 메시지를 잘 전달하기 위한 가장 효과적인 방법을 찾는 일이다. 디자인 메시지가 '무엇을 전달할까'에 대한 고민이라면, 디자인 콘셉트는 '어떻게 전달할까'에 대한 고민이다. 디자인 콘셉트는 디자이너가 디자인하려는 디자인의 메시지를 확인한 후 '어떻게' 전달할 것인가를 고민하는 단계에서 생각하게 되는 개념이다.

디자인 콘셉트를 잘 결정하면 디자인 메시지를 전달하는 데 효과적일 뿐만 아니라, 작업을 진행하는 과정에서도 장점이 많다. 디자인 콘셉트를 잘 결정했을 때의 장점들을 짚어보도록 하자.

디자인 작업은 크고 작은 선택의 연속이다. 크고 작은 선택들은 서로 관련이 있고 서로 영향을 받는다. 디자인 초심자는 매번 새로운 결정을 해야 하는 상황에서 어려움을 느낄 수 있다. 정보의 구조를 잡는 일부터 시각적인 결정들에 이르기까지 이 형태가 맞을까, 이 컬러를 적용해도 될까, 이 서체는 적절할까 등 연속적인 디자인 작업의 고민을 풀어나가는 데에 디자인 콘셉트는 길잡이 역할을 한다. 일종의 기준이 될 수 있다. '이런 정보 구조는 너무 복잡하고 디테일해서 콘셉트에 맞지 않는구나. 좀 더 단순하게 정리해야겠다'라고 생각할 수 있다. 이 형태는, 이 컬러는, 이 서체는 이 디자인 콘셉트에 맞는지 맞지 않는지 생각할 수 있다.

디자인 작업은 여러 사람과 협업해야 하는 경우가 많다. 특히 협업 상황에서 디자인 콘셉트가 명확하면 디자인의 방향이 보다 분명히 나타나기 때문에 같이 일하는 사람들 사이에 커뮤니케이션 오류가 발생할 확률을 줄일 수 있다. 여러 사람의 머릿속에는 각기 다른 생각이 들어 있다. '디자인 메시지'를 공유한다고 해도 그것을 이해하는 방법, 표현하는 방법은 디자인에 관여하는 각 사람마다 다를 수 있다. 디자인 콘셉트는 디자인 메시지보다 구체적인 경향이 있다. 특히 크리에이티브 콘셉트는 표현하는 방식에 대한 콘셉트기 때문에 더욱 그렇다. '이 디자인은 무엇을 전달하기 위한 디자인이다'가 디자인 메시지라면, '이 디자인은 이러한 방법으로 전달할 것이다'가 디자인 콘셉트의 주요 관심사이기 때문이다. 협업에 참여하는 사람들이 해당 디자인을 이해하고 디자인을 완성해 나가는 데에도 콘셉트는 중요한 역할을 한다.

정리하면, 디자인 콘셉트는 디자인 작업의 효율을 높일 수 있고, 디자인 작업의 일관성을 가져오므로 디자인 메시지를 보다 잘 전달하게 한다.

THINK ABOUT
생각해 보기

최근에 본 광고의 디자인 메시지와 콘셉트를 적어 보자.

1. 광고 이름 :

2. 광고 메시지

3. 광고 콘셉트

디자인 콘셉트를 정하는 방법은?

① 디자인의 차별화된 메시지 정의(제품 콘셉트)

내가 작업하려고 하는 디자인의 중요한 가치와 특징은 무엇인가, 이 디자인 메시지의 차별화되는 포인트를 한마디로 정의하면 무엇이라 할 수 있을 것인가 분석하고 결정한다. 송신자 입장에서 이 디자인의 차별화된 특징을 한마디로 정의해 본다. 디자인 영역에 따라 제품에 대한 분석, 핵심 메시지 파악, 정보의 포인트를 다른 작업들과 차별화되도록 정의하는 것 등이 중요하다.

② 사용자 분석 및 사용자에게 디자인 메시지를 설명하는 방법 결정(포지셔닝 콘셉트)

포지셔닝 콘셉트를 잡는 단계는, 메시지를 어떤 방향으로 설명할 것인지 결정하는 단계이다. 사용자에게 이 메시지 혹은 이 제품을 어떤 방향으로 이야기할지 결정한다. 이 제품을 시장에서 경쟁 상품들 사이에 어느 포지션에 위치시킬 것인가, 이 디자인을 사용자에게 무엇으로 인식시킬 것인가를 결정하는 단계이다. 필요한 경우, 사용자를 이해하기 위해 포커스 그룹 인터뷰, 인뎁스 인터뷰, 참여관찰법 등을 사용할 수도 있다.

③ 시각적 · 구체적 · 조형적 표현 방향과 방법 정의(크리에이티브 콘셉트)

크리에이티브 콘셉트를 잡는 단계는 구체적·조형적으로 어떻게 표현할 것인가를 결정하는 단계이다. 다소 개념적으로 정의되었던 콘셉트가 실체적으로 나타나게 하는 단계이며, 디자이너의 창의성이 눈에 보이는 형태로 드러나는 단계이다. 제품 콘셉트나 포지셔닝 콘셉트는 가치나 개념처럼 손에 잡히는 형태를 갖지 않는 경우도 있지만 크리에이티브 콘셉트는 구체적이고 실제적인 표현방법을 결정한다. 어떤 분위기를 연출할 것인가, 어떤 컬러를 사용할 것인가, 어떤 소재, 어떤 음악, 어떤 형태적·시각적·조형적 방식으로 콘셉트를 인간의 감각기관이 지각할 수 있는 형태로 표현할 것인가를 결정하는 단계이다.

제품을 광고하는 과정이라면, 1) 제품에 대한 분석을 통해 이 제품의 차별화된 특성을 정의한다. 2) 소비자에게 이 제품의 가치를 어떻게 정의할지를 결정한다. 3) 이렇게 결정한 가치를 어떤식으로 구체적이고 시각적으로 표현할지를 결정한다. 크리에이티브 콘셉트의 단계에서는 조형적인 표현방법, 색채, 구도, 스타일, 소재, 음악, 카피 등의 감각적인 요소를 구체적으로 결정한다.

포스터 디자인을 하는 과정이라면, 1) 전달할 정보의 성격과 가장 중요한 가치, 전달하려는 디자인 메시지를 분석하고 차별화되는 특성을 정의한다. 2) 포스터를 보는 사람들에게 이 메시지를 무엇이라고 정의하여 전달할지 결정한다. 3) 구체적으로 어떻게 이 가치를 조형적으로 표현할지 결정한다. 크리에이티브 콘셉트는 주로 조형적인 표현방법, 시각적인 구현방법에 대한 콘셉트를 의미한다.

디자이너는 단독으로 일하는 경우도 있지만 마케터나 기술자들을 포함하는 다른 전문가들과 협업하는 경우도 많다. 협업 상황에서는, 디자이너가 세 단계 모두에 관여하는 경우도 있고, 디자이너는 주로 크리에이티브 콘셉트를 설정하고 진행하는 데에 참여하는 경우도 있다. 어느 쪽의 경우에도 모든 콘셉트 단계를 이해하는 일은 중요하다. 전체를 보는 눈이 없다면 다른 전문가들과의 작업에서 커뮤니케이션에 문제가 발생할 수도 있고, 자신이 맡은 부분에서 제 역할을 다하는 데 어려움을 겪을 수도 있다.

또한 점차 콘셉트 주도 제품들, 디자인 주도 제품들이 늘어나면서 콘셉트를 반드시 지금 제시한 순서대로 정하는 것이 아니라, 크리에이티브 콘셉트를 먼저 결정하거나 크리에이티브 콘셉트에 의해 전체 콘셉트가 결정되는 상품들이 늘어나고 있다. 따라서 전체 협업 과정에서 크리에이티브 콘셉트를 결정하고 실행하는 일을 주도하는 디자이너의 역할이 중요해지고 있다. 따라서 디자이너는 더욱 전체 콘셉트의 흐름을 잘 파악하고 있어야 한다.

THINK ABOUT
생각해 보기

최근에 본 광고의 디자인 메시지와 콘셉트를 적어 보자.

1. 최근에 본 광고 한 가지를 선택해 해당 광고의 제품 콘셉트, 포지셔닝 콘셉트, 크리에이티브 콘셉트를 분석해 보자.

1) 광고 이름 :

2) 방영 시기 :

3) 제품 콘셉트

4) 포지셔닝 콘셉트

5) 크리에이티브 콘셉트

2. 최근에 본 포스터 디자인 중 한 가지를 선택해 디자인 메시지, 포지셔닝 콘셉트, 크리에이티브 콘셉트를 분석해 보자.

1) 포스터 이름 :

2) 포스터 게시 시기 :

3) 다른 디자인과 차별화된 디자인 메시지

4) 포지셔닝 콘셉트

5) 크리에이티브 콘셉트

디자인 콘셉트 관련 주의사항이 있다면?

① 메인 콘셉트는 하나로 정한다

이것도 이야기하고 싶고 저것도 이야기하고 싶겠지만 이것도 하고 저것도 하면 결국 어떤 건지 알 수 없게 되거나 잘 기억나지 않게 된다. 콘셉트는 집중이다. 서브 콘셉트는 있을 수 있겠지만 메인 콘셉트는 한 가지여야 하며, 가장 강력한 것이어야 한다.

② 콘셉트는 일관성이 있어야 한다

콘셉트를 표현하고 실행하는 모든 과정과 결과물에서 일관성이 있어야 한다. 콘셉트에 맞지 않는 부분이 있으면 콘셉트가 약해진다.

③ 결정한 디자인 콘셉트를 기준으로 프로젝트를 진행한다

디자인 콘셉트를 기준으로 디자인을 전개하는 것은 작업 능률을 높일 수 있는 전략이다. 디자인의 일관성을 추구하는 데에도 효과적이다.

④ 하지만, 디자인 콘셉트는 중간에 바꿀 수 있다는 점도 염두에 둔다

디자인은 문제 해결 과정이지만 디자인 문제에는 여러 해답이 있을 수 있다. 한 가지 디자인 메시지로 여러 가지 디자인 콘셉트를 생각해 볼 수 있다. 물론 이 중 가장 좋은 콘셉트라고 생각한 것을 토대로 디자인 작업을 시작했을 것이다. 이것을 끝까지 밀고 나가는 것도 중요한 훈련이다. 그러나 때로는 진행 중 예상치 못한 문제가 발견되거나 더 좋은 콘셉트가 떠오를 수도 있다. 제품 콘셉트(차별화된 디자인 메시지)와 일관성을 유지할 수 있으면서 더 좋은 표현방법이 생각났다면, 프로젝트에 할당된 시간과 비용을 고려하여 크리에이티브 콘셉트를 변경할 수도 있다. 이따금 프로젝트를 마친 후 하나의 콘셉트에 너무 몰입해 다른 생각을 하지 못했던 것을 아쉬워하는 경우도 종종 있다. 크리에이티브 콘셉트는 절대 변경 불가능한 것이 아니다. 다만 이랬다저랬다 하지 않도록 주의를 기울일 필요는 있다.

4 디자인에서 기호와 아이콘은 무엇일까?

우리는 거의 매일 스마트폰을 사용한다. 지하철을 타고 이동하는 중에도 대부분의 사람들은 스마트폰을 사용한다. 우리는 스마트폰을 작동시키기 위해 명령어를 입력하지는 않는다. 작동에 필요한 아이콘을 터치하고, 필요한 애플리케이션의 아이콘을 터치한다. 그렇다면 스마트폰의 아이콘은 어떻게 디자인하는 것이 좋을까? 스마트폰에는 많은 아이콘들이 들어 있다. 어떤 아이콘이 어떤 작동을 실행시키는지, 어떤 애플리케이션을 작동시키는지는 설명서를 보지 않고도 이해할 수 있어야 한다. 이것인지 저것인지 헷갈리게 만들어서는 곤란하다. 아무런 설명 없이 조그마하게 디자인된 아이콘 하나로 사람들에게 해당 아이콘의 기능이 무엇인지 전달하려면, 즉 커뮤니케이션에 오류가 일어나지 않게 하려면 어떻게 해야 할까? 여기에서 우리는 '기호'라는 것의 개념을 공부할 필요가 있다. 우리가 매일 사용하는 스마트폰 혹은 다른 기기들의 아이콘 디자인은 효과적으로 기능하는 기호를 만드는 일과도 같기 때문이다. 지금부터 기호의 정의, 기호의 종류 등 기호에 대한 전반적인 이론에 대해 알아보자.

스마트폰의 아이콘 사례

EXERCISE
연습해 보기

지금 자신의 휴대폰을 살펴보자. 바탕화면에는 휴대폰 사용에 필요한 여러 개의 아이콘이 있다. 이 아이콘을 이용하여 아래 질문에 답해 보자.

1. 바탕화면을 보고 가장 기능을 쉽게 파악할 수 있는 아이콘을 왼쪽 칸에 그리고, 그 기능의 의미를 오른쪽 칸에 적어 보자.

2. 바탕화면을 보고 가장 기능을 파악하기가 어려운 아이콘을 왼쪽 칸에 그리고, 그 기능의 의미를 오른쪽 칸에 적어 보자.

3. 기능 혹은 의미 전달이 잘 안 되거나 헷갈리는 이유에 대해 적어 보자.

4. 개선방법을 적어 보자.

5. 개선방법을 적용한 아이콘 디자인을 해보자.

6. 뒷자리에 앉은 친구에게 자신이 디자인한 아이콘의 의미를 알아볼 수 있는지 물어보자.

- 친구 이름 :
- 친구가 생각한 5번 아이콘 디자인의 기능 및 의미 :

기호란 무엇일까?

기호는 무언가를 대신해서 나타내는 표현 형식을 말한다. 기호에는 어떤 의미를 표현하기 위해 사용하는 문자, 부호, 표지 같은 것이 포함된다. 기호를 만드는 사람은 기호를 해독하는 사람이 의미를 이해할 수 있도록 기호를 만든다. 반대로 기호를 해독하는 사람은 그것을 만든 사람이 과연 무엇을 대신하도록 만든 것인지 파악하며 기호를 읽는다. 기호를 만든 사람이 기호에 부여한 의미를 기호를 해독하는 사람이 정확히 이해했다면 커뮤니케이션이 제대로 이루어진 것이다. 디자이너는 기호를 만들거나 활용하여 디자인을 하는 경우가 많다. 그렇기 때문에 디자이너는 기호에 대해 공부할 필요가 있다.

'기표'와 '기의'의 의미는?

만약 외계인이 한국에서 살게 되었는데 밸런타인데이에 이성 친구로부터 초콜릿을 선물받는다면 그 외계인은 이성 지구인이 건넨 초콜릿의 의미를 알 수 있을까? 밸런타인데이에 이성 간에 선물로 주고받는 초콜릿은 그냥 단순히 단 것을 준다거나, 간식으로 먹으라는 의미라고 보기는 어렵다. 일반적으로는 밸런타인데이에 이성에게 주는 초콜릿은 고백의 의미나 호감의 표시, 이미 연인인 관계에서의 사랑 표현방법이다. 한마디로 정리하면 밸런타인데이에 이성에게 주는 초콜릿은 '좋아한다'는 의미를 가진 기호라고 할 수 있다.

밸런타인데이에 이성에게 주는 초콜릿은 '좋아한다'는 의미를 가진 기호이다.

프랑스의 기호학자 페르디낭 드 소쉬르(Ferdinand de Saussure)는 기호를 물리적 형식 혹은 형태를 가진 '기표(signifier)'와 이것이 의미하는 개념 혹은 내용인 '기의(signified)'의 결합으로 보았다. 소쉬르는 기호란 기표와 기의의 의미작용(signification)으로 만들어진다고 설명한다. 기표는 인간의 감각으로 지각할 수 있으며 그래서 이것은 '의미를 운반하는 물리적 실체'이다. 기의는 기표가 운반하는 의미나 내용에 해당한다. 기표가 구체적·실질적이고 현실에 존재하며 감각으로 지각할 수 있는 것이라면, 기의는 추상적·개념적이고 손에 잡히지는 않지만 기표가 포함하는 의미라고 할 수 있다.

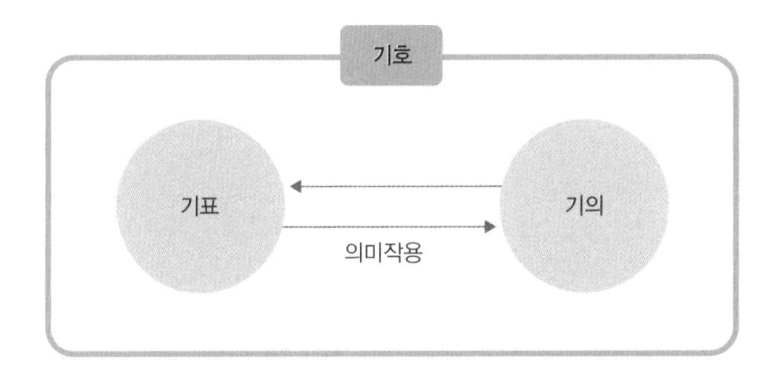

소쉬르의 기호 : 기표와 기의의 상호작용

위의 예시에서 외계인이 밸런타인데이에 선물하는 초콜릿의 의미를 모른 채 다른 친구에게 '나는 단 것을 좋아하지 않으니 너 가질래?'라며 줘버리기라도 했다면 외계인은 크게 결례를 범하는 셈이 되었을 것이다. 상상 속의 이야기지만 이런 에피소드는 어떻게 가능할까? 외계인이 '밸런타인데이 초콜릿'이라는 기호가 가진 기표와 기의를 모른다고 가정했기 때문이다. '밸런타인데이 초콜릿'이라는 기호는 '초콜릿'이라는 기표와 '좋아한다'는 기의로 이루어져 있다. 특정한 날에 받는 초콜릿이라는 특정한 '기표'가 나타내는 '기의'를 이해하지 못하면 이처럼 커뮤니케이션이 이루어지지 않는다.

디자이너도 기호를 만드는 일을 하게 되는 경우가 많다. 디자이너는 기호를 만들 때 기의를 적절히 결정하여 이 기의를 잘 표현하는 실질적이고 구체적인 기표를 만들어내는 작업을 한다.

THINK ABOUT
생각해 보기

우리가 일상에서 사용하는 다음 기호들의 기표와 기의를 구분해보도록 하자.

1. 밸런타인데이에 평소 관심 있는 이성에게 밸런타인데이 초콜릿을 선물했다.

- 기호 :
- 기표 :
- 기의 :

2. 어버이날을 맞아 부모님께 카네이션을 선물했다.

- 기호 :
- 기표 :
- 기의 :

3. 스승의 날에 선생님께 선물을 드렸더니 선생님이 "마음만 받을게."라고 하셨다.

- 기호 :
- 기표 :
- 기의 :

4. 사촌 언니(누나)의 결혼식에서 사촌 언니(누나) 커플은 예식 중 결혼반지를 주고받았다.

- 기호 :
- 기표 :
- 기의 :

기호의 종류에는 어떤 것들이 있을까?

미국의 철학자 찰스 샌더스 퍼스(Charles Sanders Pierce)는 기호를 세 가지 유형으로 구분한다. 도상 기호(icon), 지표 기호(index), 상징 기호(symbol)가 그것이다. 도상 기호는 기호가 나타내는 대상과 형태적 유사성을 가진 기호를 말한다. 지표 기호는 기호가 나타내는 대상과 물리적 근접성 혹은 인과관계에 있는 기호를 의미한다. 상징 기호는 기호가 나타내는 대상과 사회적 약속과 같은 자의적 관계에 있는 기호이다.

---

① 도상 기호

도상 기호는 실제 사물의 형태적 특징을 그대로 닮아 있다. 데스크톱에서 제거하려는 파일을 담아두는 곳인 휴지통 아이콘은 실제 휴지통의 형태를 그대로 본 떠 만든 경우가 많은데 대표적인 도상 기호의 사례라 할 수 있다. 한 나라의 지도 형태를 본 떠 만든 기호, 어떤 사람의 모습을 그대로 담은 사진 등도 도상 기호로 볼 수 있다.

도상 기호의 사례 : 쓰레기통을 나타내는 아이콘

② 지표 기호

지표 기호는 인과관계가 있거나 기호와 대상 사이에 어떤 관계가 있는 경우 혹은 지시하는 의미가 포함되어 있는 경우를 말한다. 예를 들면, 강아지를 연상시키거나 강아지의 흔적을 드러내는 방식, 즉 강아지가 지나가고 남은 발자국 모양으로 강아지 기호를 표현하는 것이 지표 기호이다. 방향이나 흐름 같은 것을 지시하는 화살표를 비롯해 교통 신호, 사인 등에서 보이는 행동 등을 지시하는 표현도 지표 기호로 분류된다.

지표 기호의 사례

③ 상징 기호

상징 기호는 매우 단순하다. 기호와 의미 간에 사실상 별다른 연관이 없는 경우인데 이 기호를 해당 의미로 사용하기로 약속이 되어 있는 경우가 상징 기호에 해당한다. 적십자 표시, 병원 표시, 십자가 표시, 학교의 로고 등이 상징 기호에 해당한다. 필연적 관계가 아니라 자의적 관계의 기호이기 때문에 언어나 문자 역시 상징 기호라고 볼 수 있다. 고양이를 '고양이' 혹은 'cat'이라고 적을 만한 필연적 이유는 없다. 다만 그렇게 약속했을 뿐이다. 그래서 문자로 만들어진 대부분의 기호들도 상징 기호이다. 별이나 하트 형태도 이미 사회적 약속에 가깝기 때문에 상징 기호로 볼 수 있다.

상징 기호의 사례 : 브랜드의 로고, 학교의 로고 등

THINK ABOUT
생각해 보기

1. 휴대폰 아이콘 중 도상 아이콘을 찾아보자.

2. 휴대폰 아이콘 중 지표 아이콘을 찾아보자.

3. 휴대폰 아이콘 중 상징 아이콘을 찾아보자.

디자이너가 만드는 기호들에는 어떤 것이 있을까?

① 픽토그램

픽토그램은 간단하게 설명하면 문자의 성격을 갖는 그림이다. 픽토그램이라는 단어는 그림이라는 의미를 가진 픽토(picto)와 멀리 전달한다는 의미를 가진 텔레그램(telegram)의 합성어로 알려져 있다. 픽토그램은 언어를 초월하여 소통되는 특성이 강해 국제적 행사 같은 데서 많이 사용하며 공공성을 지닌 교통시설, 공공시설 등에서 직관적으로 정보를 전달할 목적으로 사용되는 경향이 있다.

일종의 그림문자인 픽토그램의 최대 장점은 앞서 언급했듯이 직관적으로 이해할 수 있다는 점과 언어에 상관없이 이해할 수 있다는 점이다. 그러다보니 픽토그램은 올림픽 경기 종목 표시, 화장실 표시, 비상구 표시 등과 같이 주요 정보를 언어와 관계없이 전달하는 데에 매우 유용하게 사용된다. 픽토그램은 형태적으로 심플한 편이며, 색상도 대체로 제한적으로 사용한다.

2018 평창 동계 올림픽의 픽토그램

픽토그램은 올림픽의 픽토그램 사례에서 볼 수 있는 바와 같이 시각적·형태적 표현을 통해 해당 행사나 브랜드의 정체성을 표현하기도 한다. 2018 평창 올림픽의 픽토그램의 경우 한글의 자음과 모음 형태에서 형태적인 특징을 가지고 온 것으로 알려져 있다. 2008년 베이징 올림픽의 픽토그램 역시 한자의 형태적 느낌을 활용하였다는 것을 알 수 있다.

2008 베이징 올림픽의 픽토그램

② 아이콘

'그림'이라는 의미를 가진 그리스어 'eikoon'에서 유래한 말로 개념, 정보, 기능, 의미 등을 일반적으로는 작은 형태로 비교적 심플하게 표현하는 그림을 뜻한다. 아이콘(icon) 디자인은 다른 시각 언어적 성격을 갖는 디자인 영역들과 마찬가지로 언어에 상관없이 이해할 수 있게 디자인한다.

사람과 직접 상호작용하는 다양한 전자기기들과 그 인터페이스 디자인이 발달하면서 특히 인간과 기기 사이의 소통을 돕는 아이콘 디자인이 많이 개발되고 있다. 아이콘은 우리가 이런 기기들에서 흔히 보는 명령어, 파일, 프로그램 등을 쉽게 표시하고 사용할 수 있게 하기 위해 해당 명령을 수행하게 하거나, 해당 프로그램을 시작하게 하는 작은 기호로서 인터페이스에 표현하는 역할을 한다.

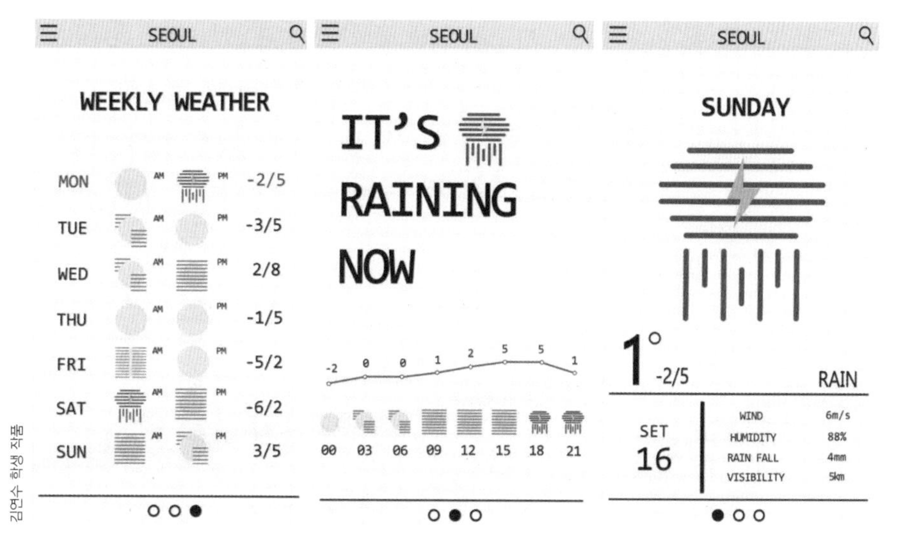

김연수 학생 작품

날씨 아이콘

③ 브랜드 로고/심벌

로고는 브랜드 아이덴티티(BI, Brand Identity)를 형성하는 가장 중요한 요소 중 하나로 해당 브랜드가 추구하는 가치와 브랜드가 사용자에게 전달하고자 하는 이미지를 시각적으로 나타낸 것이다. 로고는 대체로 해당 브랜드를 상징하는 가장 직접적인 시각 요소가 되는 경향이 있다.

로고는 주로 브랜드의 이름을 나타내는 서체를 토대로 만들어지는 경우가 많았기 때문에 로고타이프(logotype)나 글자로 표현한 표식이라는 의미에서 워드 마크(word mark)라고 부르기도 했다. 지금도 로고에는 서체가 많이 사용되고 있지만 그림 등의 요소가 더 두드러지는 경우도 많아 로고타이프라는 말보다는 로고라는 말이 더 자연스럽게 쓰이는 것으로 보인다.

브랜드의 심벌은 로고와 브랜드를 상징하는 일러스트나 그림을 의미한다. 한때 실사와 같은 일러스트레이션을 심벌에서 찾아볼 수도 있었지만 지금은 심벌을 사용할 때 비교적 단순한 형태를 선택하는 경우가 더 많다.

브랜드의 로고와 심벌은 브랜드의 가치를 시각적으로 잘 나타낼 수 있도록 디자인해야 하며, 사용자에게 쉽게 해석될 수 있어야 한다. 시각적 완성도 또한 중요하다. 로고의 특정상 장기적으로 사용할 수 있도록 유행을 타는 디자인은 피하는 것이 좋으며, 브랜드 커뮤니케이션에 다양하게 활용할 수 있도록 로고를 적용하는 방식에 대해서도 미리 염두에 두고 디자인하는 경향이 있다.

© Jonathan Weiss / Shutterstock.com

로고 디자인

EXERCISE
연습해 보기

언어를 모르는 나라로 떠나는 배낭여행을 위해, 여행지에서 커뮤니케이션에 필요한 시각 기호 6개 세트를 만들려고 한다. 여행지에서 필요한 시각 기호 세트 6개 만들기 실습을 시작해 보자.

아이콘 1 :

아이콘 2 :

아이콘 3 :

아이콘 4 :

아이콘 5 :

아이콘 6 :

HOW DOES DESIGN START?

디자인은 어떻게 시작해야 할까?

HOW DOES DESIGN START?

"우리 주변의 새롭고 혁신적인 디자인은 누가 어떻게 만들까? 아름답고 참신한 디자인을 만들려면 어떻게 해야 할까? 반짝이는 아이디어는 어느 날 문득 떠오르는 걸까?"

1 전문 디자이너는 어떻게 생각할까?

우리의 시선을 사로잡는 매력적인 디자인 상품을 보면 한 번쯤 디자이너는 어떻게 이러한 생각을 했을까 궁금증을 가져본 적이 있을 것이다. 만약 여러분이 장래에 디자이너가 되길 꿈꾸고 있다면 좋은 디자인을 만들고 싶은 열정과 함께 디자이너의 사고 과정이 더욱 궁금할 것이다. 이번 장에서는 디자이너는 어떤 사고 과정을 통해 우리 생활에 필요한 디자인을 만드는지 알아보자.

디자인 사고(design thinking)는 혁신적인 디자인을 가능하게 하는 사고 과정과 방법으로 문제를 발견하는 것에서부터 시작된다. 우리가 생활 속에서 발견하는 문제는 수학 문제처럼 정답이 하나로 정해져 있는 것이 아니라 여러 방식으로 해결이 가능한 복잡하고 비구조적인 특징을 가진다. 디자이너는 문제를 창조적으로 해결하기 위해 기술과 재능, 경험과 지식을 사용하여 새롭고 혁신적인 해결방법을 탐색하는 창의적 사고를 한다.

디자인 사고

해결안을 탐색하기 위해 생각의 경계를 넓혀가는 과정을 **'확산적 사고(divergent thinking)'**라 하고 다양한 아이디어 중 가장 실현 가능한 아이디어 한 가지를 선택하고 최종안으로 발전시키는 과정을 **'수렴적 사고(convergent thinking)'**라 한다. 디자이너는 이 두 가지 사고를 반복하여 새롭고 혁신적인 해결안을 찾아간다.

확산적 사고는 디자이너가 문제에 대한 해결안을 탐색하거나 디자인 개발을 위해 다양한 아이디어를 발상하는 단계에서 필요한 사고 과정이다. 확산적 사고 과정을 통해 디자이너는 다양한 관점으로 생각해 볼 수 있으며 새롭고 독창적인 산출물을 만들어내기 위한 아이디어를 얻는다. 수렴적 사고는 문제를 정의하는 단계와 다양한 아이디어 중 최종안을 선택하는 단계에서 필요한 사고 과정으로 분석적이고 비판적인 사고가 요구된다. 디자이너는 수렴적 사고 과정을 통해 정보의 적절성을 판단하고 논리적·체계적으로 생각하여 최종안을 구체화하여 발전시켜 나간다. 이처럼 새롭고 독창적인 디자인은 확산적 사고와 수렴적 사고의 상호작용을 통해 생성된다.

> 아무리 좋은 아이디어가 많다고 해도 그것을 구체화시킬 수 없다면 디자인 산출물이 창조될 수 없고, 아무리 분석적이고 논리적으로 문제를 해석할 수 있는 역량이 있더라도 새롭고 독창적인 해결안이 아니라면 좋은 디자인이 될 수 없듯이, 좋은 디자인이 탄생되기 위해서는 '확산적 사고'와 '수렴적 사고' 과정이 모두 중요하다.

그렇다면 디자인 사고를 통해 우리 생활의 어떤 부분을 혁신적으로 개선할 수 있을까?

ⓒ design.seoul.go.kr.sdg

한강공원의 야간 자전거 안전운행 유도 디자인(출처 : 서울시 디자인거버넌스)

위의 사진은 서울시의 디자인거버넌스 사업의 일환으로 한강시민공원 반포 나들목 자전거 도로의 횡단보도에 설치된 자전거 진입 및 횡단보도의 위치 알림 조명인 '괄호등'과 '쉼표등'이다.

저녁 시간에 한강시민공원에 가면 자전거를 타는 사람들과 운동을 하러 나온 보행자들을 종종 본 적이 있을 것이다. 어두운 저녁 시간에 한강공원 내 자전거 도로의 횡단보도를 건너는 것은 위험할 때가 많다. 위의 디자인 작업은 야간에 자전거와 보행자 간 접촉사고를 목격한 한 시민의 제안에서 시작되었다고 한다. '야간의 한강시민공원에서 자전거와 보행자의 접촉사고를 예방할 수 있는 방법은 없을까?'와 같은 문제에 대한 인식에서부터 디자인 사고는 시작된다. 지역 주민과 다양한 분야의 전문가들이 모여 문제를 다각도로 분석하고 해결안을 제안하는 디자인 사고 과정을 통해 '괄호등'과 '쉼표등'이 제작 및 설치되었다.

'괄호등'은 야간에 자전거가 접근하면 점점 밝아지고 신호음이 울리도록 설계하여 보행자가 횡단보도를 건너려고 할 때 주의를 환기시키는 역할을 한다. 문장 부호인 괄호는 어느 부분을 다른 부분과 구별하거나 강조하기 위한 목적으로 쓰인다. 이러한 괄호 모양의 전등 안쪽에 횡단보도가 그려져 있다는 것은 횡단보도를 건너는 사람을 주의하라는 의미를 전달한다. '쉼표등'은 횡단보도 40m, 15m 전의 자전거 도로에 설치하고 보행자가 횡단보도를 건널 때 불이 깜빡거리도록 설계하여 자전거가 미리 속도를 줄일 수 있도록 주위를 환기시켜 사고를 예방하도록 디자인되었다. 문장 부호인 쉼표는 문장에서 잠시 끊어 읽을 부분에 사용한다. 자전거 이용자가 이러한 쉼표를 보게 되면 직관적으로 속도를 늦추거나 잠시 멈추게 될 것이다.

이처럼 서울시에서는 2015년부터 시민이 제안한 사회문제를 다양한 주체가 함께 해결해 나가는 '디자인거버넌스'를 운영하며 사회 혁신을 이루어가고 있다. 지역 주민과 디자이너, 다양한 분야의 전문가들이 함께 모여 사회문제를 디자인적으로 해결할 수 있는 방안을 모색하여 복지, 경제, 안전, 환경/위생, 건강의 5개 분야에서 다양한 디자인을 개발하고 있다.

여러분도 생활 속에서 디자이너처럼 생각하면 주변 환경을 더욱 아름답고 편리하게 개선할 수 있을 것이다. 이처럼 디자인 사고는 새롭고 혁신적인 해결안을 도출하기 위한 체계적인 문제 해결방법으로 활용될 수 있다. 디자인 사고는 사회 문제에 대한 관심과 이해, 공감에서부터 출발하기 때문에 사람과 주변 환경에 대한 호기심과 관찰력을 키우는 것은 디자인 사고 향상에 도움이 될 수 있다. 때로는 문제를 탐색하는 과정에서 생각하지 못했던 사항을 발견하게 되는 경우도 있다. 따라서 디자인 사고 과정에서 무엇이 진정으로 해결해야 할 문제인지에 대해 충분히 탐색하고 분석한 후에 가장 중요한 문제를 구체적으로 정의내리는 것이 필요하다.

예를 들어, '학생들이 학교에서 좀 더 즐겁게 공부할 수 있으려면 어떤 디자인이 필요할까?'라는 문제에 대해 함께 생각해 보자. 학생들은 언제 즐거울까에 대한 생각에서부터 현재의 교실과 학교 주변 환경은 어떠한지, 공부하는 방식이나 학교생활 등을 어떻게 개선하면 좋을지 학생의 입장에서 다각도로 생각해 보는 것이 바로 디자인 사고의 시작일 것이다.

EXERCISE
연습해 보기

1. 더 즐거운 학교 생활을 위해서 현재 우리 학교 시설과 주변 환경에서 개선했으면 하는 물건이나 공간을 찾아 아래 빈칸에 그려 보고, 그 이유를 함께 적어 보자.

2. 위에서 발견한 학교 시설 및 환경 문제를 해결하기 위해 디자이너가 할 수 있는 일은 무엇이 있을지 생각해 본 후, 아래와 같이 한 문장으로 디자인 계획을 적어 보자.

나는 (　　　　　　　　　　) 문제를 해결하기 위해서,

(　　　　　　　　　　) 사람들을 위한,

(　　　　　　　　　　) 디자인을 개발하여,

(　　　　　　　　　　) 목표를 달성하고자 한다.

3. 내가 제안한 디자인의 장점과 단점에 대해 각각 3가지씩 적어 보자. 학급 친구들의 의견을 들어보고 적어 보는 것도 좋다.

1) 장점

-
-
-

2) 단점

-
-
-

4. 위에서 발견한 단점을 보완하여 디자인 계획을 수정해 보자.

새로운 아이디어는 어떻게 떠오를까?

2

우리는 종종 디자이너의 인터뷰에서 꿈을 통해 영감을 얻는다는 이야기를 들을 수 있다. 불현듯 떠올랐다가 잠에서 깨어나면 사라지는 아이디어 때문에 언제나 침대 옆에 적을 수 있는 노트와 펜을 준비해 놓는다는 이야기는 창작의 고통이 얼마나 큰지 짐작하게 해준다. 지금부터는 이러한 디자이너의 창작의 고통을 덜어주는 언어적·시각적 아이디어 발상법을 소개한다. 디자인 작업 시 아이디어가 떠오르지 않아 막막할 때 다음과 같은 아이디어 발상법을 사용해 보면 어떨까?

마인드 맵

마인드 맵(mind map)은 '생각의 지도'라는 뜻으로 자신의 생각을 마치 지도를 그리는 것처럼 이미지화하여 창의적인 생각을 이끌어내는 아이디어 발상법이다. 1960년대에 영국 심리학자인 토니 부잔(Tony Buzan)에 의해 개발된 마인드 맵은 중심부에 주제를 적고, 주된 가지, 부 가지, 세부 가지의 순으로 연상되는 단어나 구절, 이미지 등을 떠오르는 대로 빠르게 적어 나가는 방식으로 진행한다. 마인드 맵 기법을 사용하면 새로운 아이디어를 얻을 수 있고 생각을 체계적으로 시각화할 수 있다.

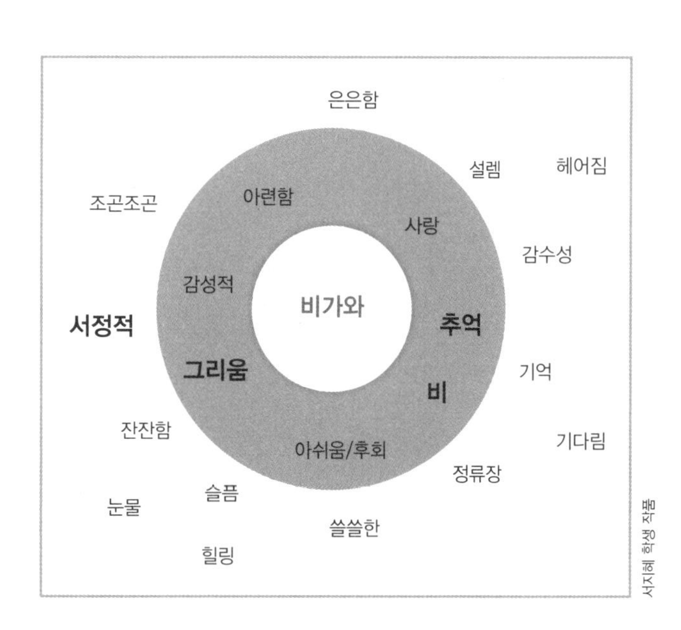

'소유'의 음악 〈비가와〉를 듣고 작성한 마인드 맵 사례

EXERCISE
연습해 보기

평소 좋아하는 음악 한 가지를 선택하고 아래의 마인드 맵 작성 가이드라인을 참고하여 빈칸에 마인드 맵을 그려 본다.

1. 중심부의 주제에 여러분이 선택한 음원의 제목을 적는다.
2. 중심부에서부터 주제와 관련해서 떠오르는 단어나 구절을 나무에서 가지가 뻗어 나가 듯이 적어 보자. 큰 줄기에서 작은 줄기가 뻗어 나가는 것처럼, 핵심 주제에서부터 부주제, 세부 주제 순서로 정리해 나가는 것이 중요하다. 연상되는 이미지가 있다면 간단한 스케치를 해도 좋다.
3. 작성한 마인드 맵의 항목 중 서로 연관성이 있는 것들은 같은 그룹으로 묶어 구분하여 표시해 보자. 컬러 펜을 사용하여 각 그룹별로 다른 색채를 지정하여 표기하면 항목 간의 관계를 쉽게 파악할 수 있어 용이하다.

생각나는 대로 그리기

마인드 맵 발상법이 언어를 중심으로 아이디어를 전개하는 방법이라면, 생각나는 대로 그리기 방법(visual sketch)은 주제와 관련한 아이디어 스케치를 빠르게 그려 나가는 시각적 이미지 중심의 아이디어 발상법이다. 디자인의 주제와 목적, 제한시간, 목표량을 명확하게 정한 후 작은 크기의 섬네일(thumbnail) 스케치를 빠르게 그려 나가는 방식으로 새로운 아이디어를 얻을 수 있다.

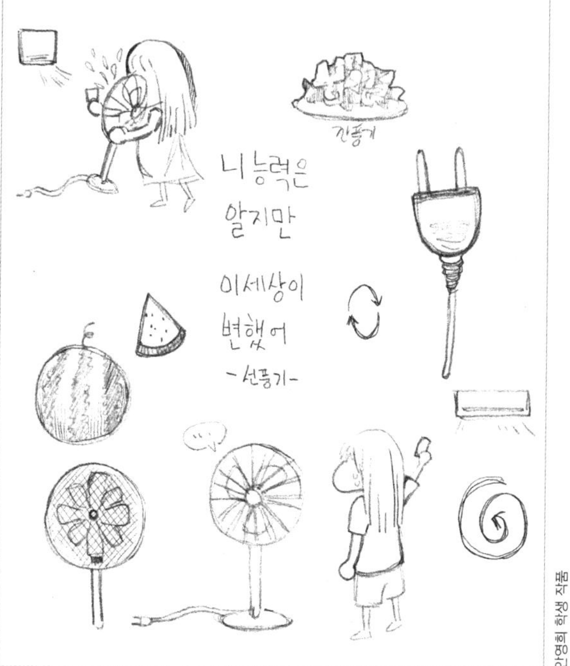

안영희 학생 작품

출판 일러스트레이션을 위한 생각나는 대로 그리기 사례

시네틱스

시네틱스(synectics)는 서로 관련이 없어 보이는 것들을 유추(analogy)와 은유(metaphor)를 통해 조합하여 새로운 아이디어를 도출하는 발상법으로 1944년 윌리엄 J. 고든(William J. Gordon)에 의해 개발되었다. 시네틱스에서 사용되는 유추의 종류는 '직접적 유추', '의인적 유추', '상징적 유추', '환상적 유추'로 구분할 수 있다.

첫째, **직접적 유추**란 서로 다른 두 개의 사물 또는 개념을 객관적으로 비교하는 것이다. 자동차와 기차는 어떤 면에서 서로 비슷한지에 대해 생각해 보는 것은 직접적 유추라고 볼 수 있다.

둘째, **의인적 유추**란 자신이 문제의 일부라는 생각을 가지고 감정이입을 하는 경험을 통해 문제의 본질을 통찰하는 것이다. 내가 만약 자동차 엔진이라면 폭염이 지속되는 날씨에 밖에 주차되어 있을 때 어떤 느낌이 들 것 같은지에 대해 생각해 보는 것은 의인적 유추에 해당한다.

셋째, **상징적 유추**란 서로 다른 두 대상물 간의 관계를 기술하는 과정에서 은유를 활용하는 것이다. '내 마음은 호수다'와 같이 서로 다른 단어를 가지고 어떤 현상을 기술하는 것은 상징적 유추라고 볼 수 있다.

넷째, **환상적 유추**란 현실적인 유추를 통해 문제가 해결될 수 없을 때 활용하는 신화적 유추이다. 무엇이든 만들어내는 도깨비 방망이나 도라에몽의 '어디로든 문'은 환상적 유추라고 볼 수 있다.

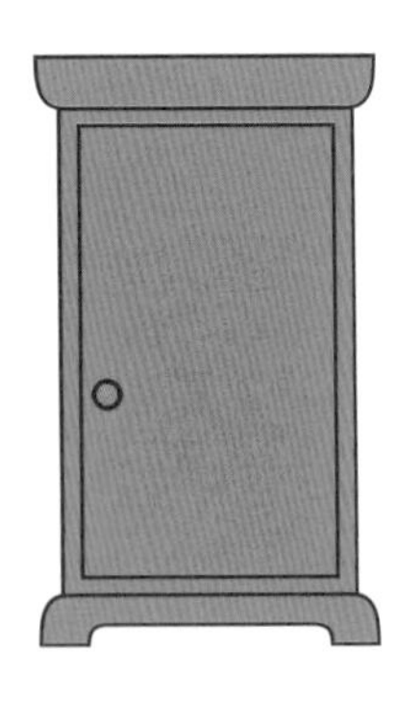

도라에몽의 '어디로든 문'

스캠퍼

스캠퍼(SCAMPER)는 새로운 아이디어를 얻기 위한 7가지 규칙인 '대체하기(Substitute)', '결합하기(Combine)', '적용하기(Adapt)', '변형/확대/축소해 보기

(Modify/Magnify/Minify)', '다른 용도로 사용하기(Put to other uses)', '제거하기(Eliminate)', '역발상/재배열하기(Reverse/Rearrange)'의 영문 첫 글자를 따서 만든 발상법이다. 1971년, 밥 에벌리(Bob Eberle)에 의해 개발되어 광고를 비롯한 많은 분야에서 폭 넓게 활용되고 있다. 스캠퍼 기법은 사용 전 먼저 아이디어를 발전시켜야 할 주제 또는 문제를 정해야 한다. 다음은 새로운 아이디어를 만들기 위한 7가지 규칙에 대한 구체적인 설명이다.

① 대체하기

현재의 용도를 바꿔 다르게 사용할 수는 없을지, 재료나 성분, 장소를 바꿔 보면 어떨지에 대해 생각해 보는 것이다. 최근 환경을 생각하여 플라스틱 빨대의 소재를 종이나 대나무 소재로 바꾸고 있는 것은 '대체하기' 방법으로 발상한 사례에 해당한다.

대나무 빨대(좌)와 종이 빨대(우)

② 결합하기

비슷한 기능 또는 전혀 다른 특성을 가진 두 가지를 합치면 어떨지에 대해 생각해 보는 것이다. 팩스, 출력, 복사, 스캔 등의 기능을 결합한 복합기와 스위스 군용 다용도 칼은 '결합하기' 발상의 결과로 탄생했다고 볼 수 있다. 이처럼 전혀 다른 낯선 단어들을 합쳐 보는 것에서 창의적인 발상이 시작될 수 있다.

결합하기 발상의 예 : 복합기(좌)와 스위스 군용 다용도 칼(우)

③ 적용하기

어떤 형태나 원리, 방법을 다른 분야의 조건이나 목적에 맞도록 적용해 보는 것으로 장미넝쿨을 피해 가는 양을 보고 철조망을 제작한 것이나 세탁기를 보고 식기세척기를 개발하는 것은 '적용하기' 발상의 결과로 볼 수 있다.

④ 변형/확대/축소해보기

어떤 대상을 변형하거나 확대, 과장, 축소하면 어떨지에 대해 생각해 보는 것으로 2018년 서울 잠실 석촌 호수에 설치된 가로 28m, 세로 25m, 높이 5m 크기의 거대한 조형물인 팝 아티스트 카우스(KAWS)의 '카우스 : 홀리데이 코리아(KAWS : Holiday Korea)'는 '확대하기' 기법으로 발상한 결과라고 할 수 있다. 미국 샌프란시스코의 린컨 공원에 설치된 높이 18m의 거

서울 석촌호수에 설치된 '카우스 : 홀리데이 코리아'(좌)와 미국 린컨 공원에 설치된 '큐피트 스팬'(우)

대한 큐피트의 활 조형물인 클래스 올덴버그(Claes Oldenburg)의 큐피트 스팬(Cupid's span) 작품 역시 '확대하기' 발상의 결과이다.

⑤ 다른 용도로 사용하기

같은 재료로 다른 것을 만들 수는 없을지, 처음과 다른 용도로 사용해 보면 어떨지에 대해 생각해 보는 것으로, 버려진 트럭 방수 천을 재사용하여 만든 프라이탁(FREITAG) 가방은 '다른 용도로 사용하기'의 사례로 볼 수 있다.

⑥ 제거하기

어떤 사물의 구성 요소 중 일부를 제거하면 어떨지, 얇게 하거나 가볍게 하면 어떨지, 삭제하면 어떨지에 대해 생각해 보는 것으로, 자동차에서 천장을 제거하여 만든 컨버터블 오픈카와 노천극장은 '제거하기' 기법으로 발상한 결과라고 볼 수 있다.

컨버터블 오픈카(좌)와
노천극장(우)

⑦ 역발상/재배열하기

어떤 사물의 구성 요소를 반대로 하거나 재배열하면 어떨지, 순서를 뒤집어서 거꾸로 해보거나 바꾸면 어떨지, 원인과 결과를 바꾸어 보면 어떨지 등에 대해 생각해 보는 것으로 양면스캐너는 이러한 역발상의 사례라고 볼 수 있다.

THINK ABOUT
생각해 보기

1. 우리 주변의 익숙한 것들에서 스캠퍼 기법을 통해 창의적으로 만들어진 사례를 찾아보자. 스캠퍼 기법 중 어떤 기법이 적용되었는지 적어 본다.

2. 주변의 사물/식물/동물 중 흥미로운 소재 한 가지를 선택하고, 선택한 소재의 특징에 대해 자세히 관찰하고 분석해 본다. 아래의 7가지 질문에 답을 찾아가면서 한 가지 소재에 대한 7가지 다른 아이디어 스케치를 전개해 보자.(예 키위 : 키위의 단면을 확대해 보면 어떨까? 키위를 먹기 위한 용도가 아닌 다른 용도로 사용할 수는 없을까? 키위의 겉과 속이 바뀌면 어떻게 될까? 키위 씨가 작지 않고 크게 확대된다면?, 키위로 다른 것을 만들 수는 없을까?, 키위에 눈이 있다면 어떨까? 등)

1) 대체하기 – A 대신 B를 쓰면 어떨까?

2) 결합하기 – A와 B를 합치면?

3) 적용하기 – A를 B나 C에 사용하면?

4) 변형하거나 확대하거나 축소해 보기

- A의 한 부분을 변경하면 어떨까?
- A의 한 부분을 크게 하거나 작게 축소하면 어떨까?

5) 다른 용도로 사용하기 – A를 B나 C의 용도로 사용하면?

6) 제거하기 – A의 한 부분을 삭제하면?

7) 역발상/재배열하기

- AB와 BA를 반대로 하면?
- AB를 BA로 재배열하면?

브레인스토밍

알렉스 F. 오스본(Alex F. Osborn)에 의해 소개된 브레인스토밍(brainstorming)은 주어진 문제를 해결하기 위하여 다양한 그룹 구성원들이 모여 아이디어를 발상하고 제안하는 회의 형식의 발상법이다. 한 가지 주제를 다각도로 분석하여 핵심을 규명하거나 창의적인 문제 해결방법을 제시하는 데 유용하다. 그룹 구성원은 10명 이내로 구성하는 것이 일반적이며, 시간은 60~90분 이내로 제한하는 것이 효과적이다. 브레인스토밍은 주제와 관련한 어떠한 의견도 이야기할 수 있는 자유로운 분위기를 조성하는 것이 중요하기 때문에 다른 구성원이 제안한 의견에 대해 즉각적으로 비판하거나 평가하지 않도록 주의해야 한다.

브레인스토밍의 과정

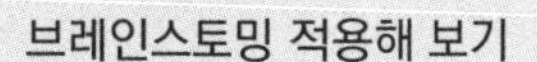

EXERCISE
연습해 보기

1. 구체적인 토론의 주제를 정한다. 토론의 주제는 구체적이고 세분화될수록 좋다.
   예를 들어 '소확행 : 소소하지만 확실한 행복'이라는 주제로 브레인스토밍을 해보자.

2. 3~6인으로 팀을 구성하고, 리더 한 명을 정한다. 팀의 리더는 팀원들의 아이디어를 기록하고 토론을 진행한다.

3. 브레인스토밍을 시작한다. 시간은 60~90분 이내로 제한한다.

4. 주제와 관련한 아이디어 발상을 시작한다. 주제와 관련한 어떠한 아이디어나 의견도 자유롭게 이야기할 수 있도록 하는 것이 중요하다. 팀의 리더는 제시된 아이디어를 모두 빠짐없이 기록해야 한다.

5. 마지막으로 전체 아이디어에 순위를 매기거나 평가하는 방식으로 최종 안을 선택해 보자.
   여러 아이디어를 합쳐 새로운 아이디어로 발전시켜도 좋다.

브레인라이팅

브레인라이팅(brainwriting)은 브레인스토밍의 변형 기법으로 1968년 독일의 베른트 로르바흐(Bernd Rohrbach) 교수에 의해 소개되었다. 브레인스토밍의 원리와 규칙을 적용하되 아이디어를 말로 표현하는 것이 아니라 글로 써서 표현하는 발상법이다. 6명이 함께 모여 주제에 대한 3개의 아이디어를 5분 내에 기록하고 옆 사람에게 기록지를 넘기는 방식으로 30분 내에 108개의 아이디어를 얻는 것을 목표로 한다고 하여 6-3-5기법이라고도 한다.

브레인라이팅 기법은 여러 사람 앞에서 발언하는 것을 꺼려 하는 내성적인 성격의 사람이나 소극적인 사람, 생각을 말로 표현하는 것이 서툰 사람들에게 효과적이다. 한두 명의 팀원이 주도적으로 아이디어를 끌고 가는 것을 막을 수 있고, 발언에 소극적인 사람과 순발력이 약한 사람들에게도 아이디어를 생각하고 제안할 수 있는 기회를 줄 수 있다는 장점이 있다. 브레인라이팅은 다음과 같은 순서로 진행된다.

1. 6명으로 팀을 구성하고 구체적인 주제를 정한다. 아이디어 발상 회의가 필요한 이유와 아이디어 발상을 통해 어떤 결과가 나오기를 기대하는지 등에 대해 구체적으로 논의한다.
2. 팀 구성원별로 개인 아이디어 기록지에 아이디어를 3개씩 기록한 후, 자신의 기록지를 옆 사람에게 넘기고 타인의 기록지를 가져온다. 아이디어 3개의 작성 시간은 5분 이내로 제한한다.
3. 타인의 기록지에 적혀 있는 타인의 아이디어를 참고해 자신의 아이디어 3개를 추가로 기록한 후, 다시 옆 사람에게 기록지를 넘기고 타인의 기록지를 가져온다. 자신의 기록지가 돌아올 때까지 이 과정을 반복한다.
4. 아이디어 기록지를 모두 수집한 후, 팀원 전체가 볼 수 있도록 벽면에 부착하거나 테이블 위에 나열한다.
5. 사회자를 한 명 정하고 팀에서 도출된 아이디어를 상호 관련성이 있는 것끼리 그룹화한 후 도식화하여 정리한다.
6. 추가로 덧붙일 의견이 있다면 기록한 후 마무리한다.

6개의 생각하는 모자

6개의 생각하는 모자(six thinking hats) 기법은 에드워드 보노(Edward de Bono)에 의해 개발된 의사결정 촉진기법으로, 색상별로 상징하는 사고의 측면이 다르게 지정된 6개의 모자를 쓰고 문제의 다양한 관점에 대해 논의하며 의견을 종합하는 발상법이다. 각 모자의 색깔별로 다음과 같이 다른 사고와 관점이 요구된다.

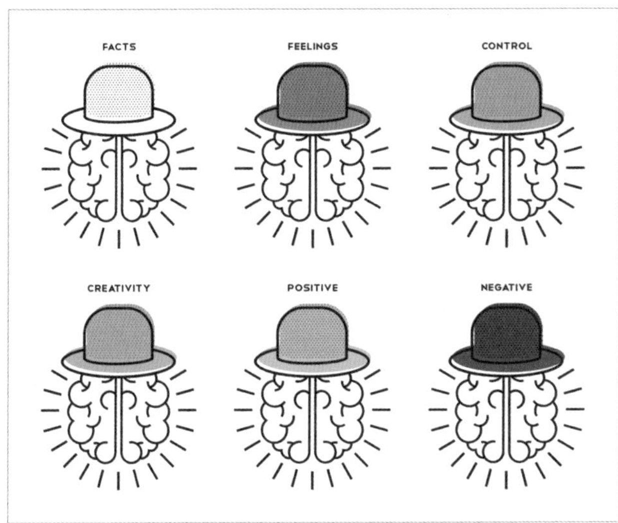

① 흰색 모자 : 중립적·객관적 사고
② 노란색 모자 : 긍정적 사고
③ 빨간색 모자 : 감정, 직관적 사고
④ 검은색 모자 : 논리, 비판적 사고
⑤ 녹색 모자 : 새로운 대안 탐색, 창의적 사고, 문제를 다른 각도에서 바라보기
⑥ 파란색 모자 : 사회자/중재자 역할

6개의 생각하는 모자

중립적이고 객관적인 정보와 관련한 흰색 모자, 긍정적 사고의 노란색 모자, 직관이나 감정에 관한 빨간색 모자, 논리적이고 비판적인 사고의 검은색 모자, 새로운 대안을 찾고 창의적인 시각과 관련한 녹색 모자를 쓰고 사고함으로써 편중된 사고를 예방할 수 있다. 파란색 모자는 의견의 종합·중재를 통해 결론을 이끌어 내어 합리적인 의사결정을 돕는 역할을 한다.

3 디자이너는 어떤 프로세스로 디자인할까?

디자인 프로세스는 디자인의 목표를 설정하는 계획 단계에서부터 새로운 디자인을 개발하는 단계까지의 모든 과정으로 각 디자인 전문 분야에 따라 절차와 방법이 조금씩 다르게 진행된다. 디자인 프로세스에 따라 디자인 작업을 진행하면, 작업 시간과 비용을 줄일 수 있으며 시장에서의 성공 확률을 높일 수 있다. 즉, 작업 효율성을 높이기 위해서는 디자인 전문 분야별 프로세스를 이해하는 것이 필요하다. 지금부터는 다양한 디자인 전문 분야의 디자인 프로세스에 대해 소개한다.

편집디자인 프로세스

편집디자인은 잡지, 신문, 단행본, 브로슈어, 카탈로그와 같이 주로 책자 형식의 출판물을 디자인하는 전문 분야이다. 편집 디자이너는 정보를 효과적으로 전달할 수 있도록 사진이나 그림, 글 등을 시각적으로 구성하고 배열하는 일을 한다. 편집디자인의 다양한 분야 중 단행본의 디자인 프로세스를 살펴보자.

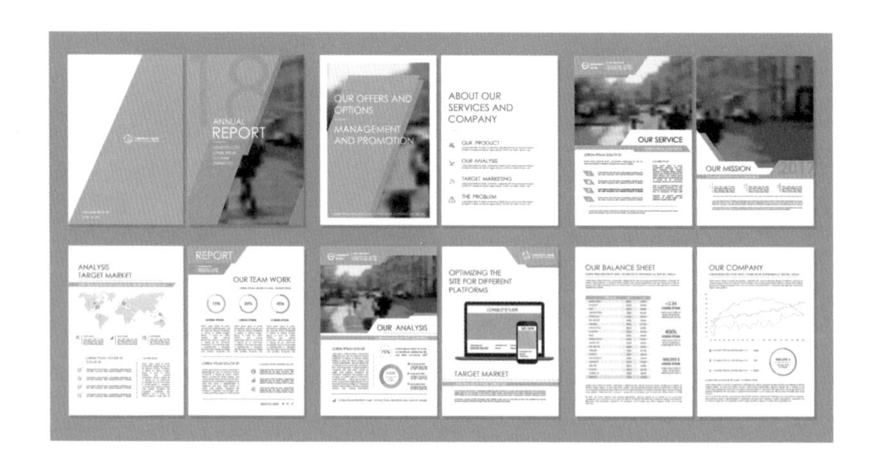

편집디자인 레이아웃

① 정보 수집 및 계획하기

단행본의 전체 원고와 이미지 파일이 준비되었는지 확인한다. 작업을 의뢰

한 프로젝트의 담당자와 단행본의 판형, 제책방법, 디자인 방향 등에 대해 논의하고 결정한다. 주요 독자층과 국내외 시장상황에 대한 분석 등 디자인 방향을 찾기 위하여 다양한 정보를 수집한다.

---

② 배열표 작성

전체적인 책의 편집 구조를 한눈에 볼 수 있도록 배열표를 작성하여 정리한다. 편집 배열표는 책에 들어가는 모든 페이지를 펼침 면으로 그린 후, 페이지 번호를 순차적으로 표기한 것으로 목차와 본문, 단원 등의 분량을 파악하기 용이하다.

---

③ 그리드 개발

그리드는 글과 그림의 위치를 결정하는 가이드 역할을 하며, 시각적으로 통일성 있게 디자인할 수 있도록 돕는다.

---

④ 내지 및 표지 디자인

그리드에 따라 내지 및 표지 디자인을 진행한다. 이 과정에서 디자이너는 글꼴과 서체의 크기, 문단 스타일 등을 결정한다. 표지 디자인은 책의 내용을 함축적으로 잘 나타낼 수 있어야 하며 독자의 시선을 끌 수 있도록 디자인하는 것이 중요하다.

---

⑤ 사전 인쇄 및 교정

사전 인쇄를 통해 전반적인 인쇄의 품질과 디자인에 대한 검수를 한다. 컴퓨터 스크린에서 작업한 파일은 인쇄방식과 제작 과정에서 색채나 품질 등에 차이가 있는 경우도 있기 때문에 사전 인쇄를 통한 교정 과정을 거치는 것이 필요하다.

---

⑥ 인쇄 및 제본

가인쇄를 통한 교정과 감수가 끝나면 종이의 종류와 무게를 결정하고 계획한 부수로 인쇄를 진행한 후, 제본하여 디자인 제작을 마무리한다.

브랜드디자인 프로세스

브랜드디자인은 브랜드의 정체성을 시각적으로 표현하는 분야로, 소비자에게 브랜드에 대한 일관된 메시지를 전달한다. 브랜드 디자이너는 브랜드 고유의 색채와 서체, 형태와 심벌 등을 개발하여 다양한 매체에 적용하여 소비자에게 일관된 브랜드이미지를 제공한다. 브랜드디자인은 소비자가 브랜드에 대한 긍정적인 경험을 할 수 있도록 돕는 역할을 한다.

최근에는 급변하는 시대의 흐름에 유연하게 대처하기 위한 방법으로 브랜드 아이덴티티의 형태는 단순하고 명료하게 디자인하되 다양한 매체에 응용하기 쉬운 플렉서블 아이덴티티 디자인이 주목받고 있다. 그럼 브랜드디자인 프로세스에 대해 살펴보도록 한다.

① 자료 조사 및 분석

브랜드 디자인 프로세스의 첫 단계는 브랜드의 비전과 목표에 대한 자료를 수집하고 시장 및 경쟁사에 대한 조사와 분석을 하는 것이다. 현재 브랜드에 대한 진단과 시장의 경쟁 상황에 대한 분석은 브랜드를 이해하고 디자인의 방향을 정립하기 위한 자료로 활용된다. 주로 기업 내부의 보고서와

다양한 브랜드 아이덴티티 디자인(상)과 플렉서블 아이덴티티 사례(하)

© Wachiwit / Shutterstock.com

© JHVEPhoto / Shutterstock.com

© StreetVJ / Shutterstock.com

© PhotoStock10 / Shutterstock.com

© FOOTAGE VECTOR PHOTO / Shutterstock.com

사업기획서, 실무진과의 미팅 등을 통해 조사와 분석이 이루어진다.

② 브랜드 전략 수립

전 단계에서 분석한 데이터를 종합하여 브랜드의 핵심 가치를 도출하고, 시장에서 성공하기 위한 브랜드 디자인 전략을 수립한다. 새로운 브랜드를 개발하는 경우, 브랜드 디자인 전략에 따라 네이밍을 개발한다.

③ 아이덴티티 디자인

브랜드 핵심 가치와 디자인 전략에 따라 브랜드 디자이너는 브랜드 고유의 디자인 콘셉트를 도출하고, 서체와 색채, 로고타이프와 심벌 등을 디자인한다. 다양한 아이덴티티 디자인 시안은 여러 단계의 테스트를 거쳐 최종 디자인으로 발전시켜 완성한다.

④ 애플리케이션 디자인

브랜드 아이덴티티를 효과적으로 적용할 수 있는 명함, 레터헤드, 사인, 패키지, 기념품, 유니폼 등과 같은 다양한 애플리케이션을 개발한다.

⑤ 브랜드 관리 매뉴얼 제작

브랜드 아이덴티티의 지속적인 관리를 위해서 서체와 색채 규정 및 아이덴티티 디자인의 활용 가이드라인을 매뉴얼로 제작하여 브랜드 관리 담당 부서에게 제공한다.

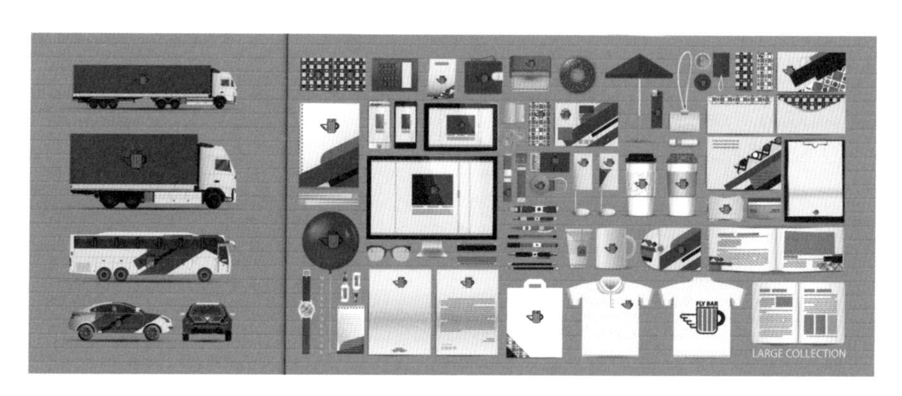

다양한 애플리케이션

제품디자인 프로세스

제품디자인은 생활용품, 상업용품, 운송 기기 등과 같이 대량생산을 거쳐 제조되는 상품의 가치를 창조하는 디자인 분야이다. 제품 디자이너의 경우 상품의 디자인뿐만 아니라 제품 생산을 위한 기술 공정과 마케팅 및 유통 과정 등에 대한 이해가 필요하다.

다양한 제품디자인

① 자료 조사 및 분석

제품 디자이너는 디자인 개발에 앞서 시장 현황과 경쟁사 디자인을 조사하고, 제품 기술과 재료 등에 대한 트렌드를 분석한다. 이러한 리서치 과정은 시장에서의 성공 확률을 높일 수 있는 디자인의 목표와 방향을 수립하기 위해 중요하다.

② 디자인 콘셉트 도출

전 단계의 리서치에 기반하여 디자인 콘셉트를 도출하고, 색채 및 재료, 표면 처리기술 등에 대한 계획을 세운다.

③ 디자인 개발

콘셉트에 따라 다양한 아이디어 스케치를 전개한 후 2D 렌더링과 3D 모델링 작업을 진행하여 목업(mock-up)으로 제작한다. 렌더링 작업을 할 때에는 아이디어에 대한 구체적인 설명과 함께 사용하고자 하는 색상과 재질, 패턴 등을 실제와 같이 보일 수 있도록 명확하게 표현하는 것이 중요하다.

2D 스케치(좌)와 3D 렌더링(우)

④ 검토 및 평가

개발한 디자인 시안들은 소비자와 동료 디자이너 평가, 시장 및 최종 사용자 평가 등을 통해 다각도로 검토한다. 평가 과정에서 발견된 문제점들은 수정 및 보완 작업을 거쳐 최종안으로 개발되며, 최종 디자인에 대한 가치 평가를 마친 후 완성된다.

⑤ 제작

최종 결정된 디자인은 표면처리와 패턴의 재질, 가공기술 등에 대한 상세한 설명과 함께 설계, 생산, 판매 부서에 전달되어 제품으로 양산된다.

모바일 GUI 디자인 프로세스

모바일 GUI(Graphic User Interface) 디자인은 색채와 서체, 레이아웃, 아이콘 등의 그래픽 요소를 활용하여 사용자가 해당 시스템을 효율적으로 사용할 수 있도록 디자인하는 분야이다. 최근에는 단순한 형태와 평면적 디자인으로 사용자 경험을 유도하는 플랫 디자인이 활발하게 사용되고 있다. 구글(Google)에서는 플랫 디자인에 깊이감을 더한 머티리얼 디자인(material design)을 개발하여 다양한 디지털 디바이스에서 일관된 경험을 제공할 수 있도록 하는 디자인 가이드라인을 제공하고 있다. 모바일 GUI 디자인의 여러 분야 중 스마트폰 애플리케이션 디자인의 디자인 프로세스를 살펴보자.

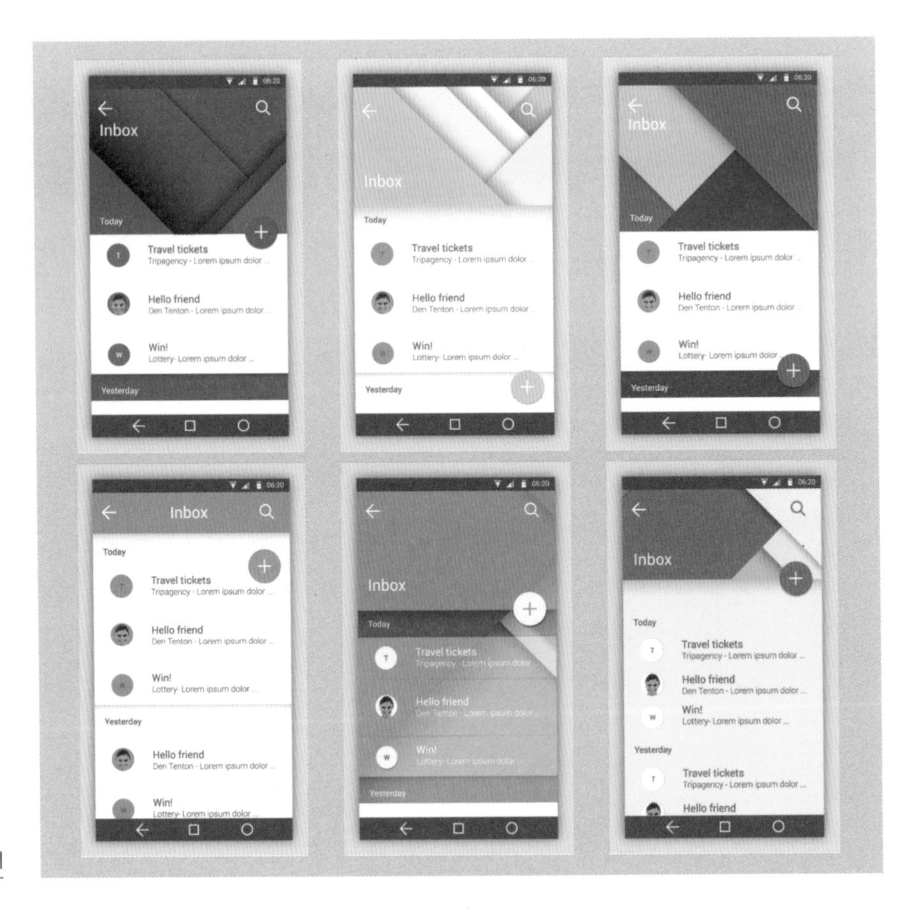

구글의 머티리얼 디자인 예시

① 리서치

새로운 모바일 애플리케이션을 개발하기 위해 실제 애플리케이션을 사용하게 될 사용자의 관심과 라이프 스타일 및 현재 앱 스토어와 마켓에서 제공하고 있는 유사한 애플리케이션과 인기 애플리케이션 등에 대해서 분석한다. 이러한 리서치 과정은 사용자에게 필요한 최적의 서비스를 제공할 수 있는 모바일 애플리케이션의 개발 방향을 찾도록 돕는 역할을 한다.

② 정보 구조 설계

모바일 환경에서 사용자가 원하는 정보를 편리하게 찾을 수 있도록 하기 위해서 정보 구조와 네비게이션 체계를 만든다. 모바일 기기의 특성상 버튼 조작의 활용도를 높이기 위해 정보의 계층은 2~3단계 이내로 제작하는 것이 효과적이다.

③ 와이어프레임

와이어프레임은 실제 제작될 모바일 기기의 비율에 맞게 화면의 설계도를 스케치해 보는 것이다. 디자이너는 각 화면의 구조와 필요한 버튼의 위치 등 기초적인 스케치를 해 봄으로써 어떻게 정보가 사용자에게 전달되는지에 대해 예측해 볼 수 있다. 와이어프레임은 펜과 연필 등으로 스케치하거나 컴퓨터 프로그램을 사용하여 제작할 수 있다.

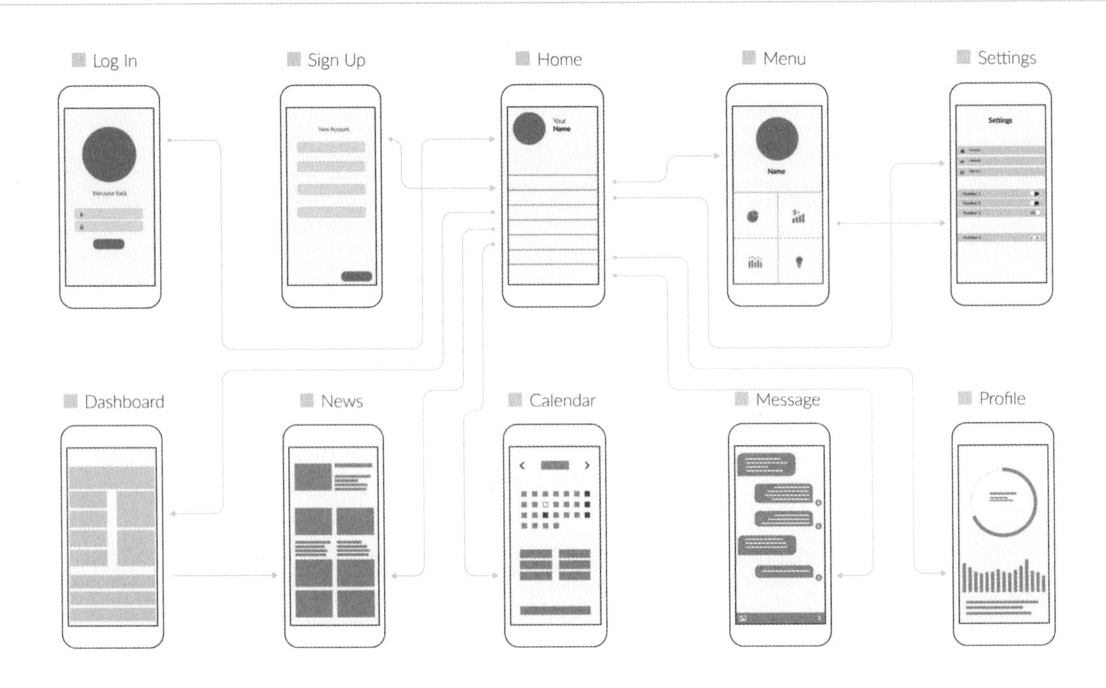

와이어프레임의 예시

④ 프로토타이핑

프로토타입(prototype)은 종이 또는 목업 툴(mock-up tool)을 사용하여 실제와 동일한 형태의 견본을 미리 제작해 보는 것이다. 디자이너는 프로토타이핑을 통해 실제 모바일 환경에서 구현되는 화면을 경험해 보며 오류를 수정하거나 구현 가능성에 대해 테스트해 볼 수 있다.

⑤ 아이콘 및 인터페이스 디자인

컴퓨터 프로그램을 사용하여 런처 아이콘과 화면 인터페이스 디자인을 한다. 아이콘은 의미가 명확하게 전달될 수 있도록 직관적이고 단순하게 표현하는 것이 중요하다. 또한 아이콘은 스마트폰 환경에서 버튼으로 작용되기 때문에 터치 영역을 고려하여 디자인해야 한다.

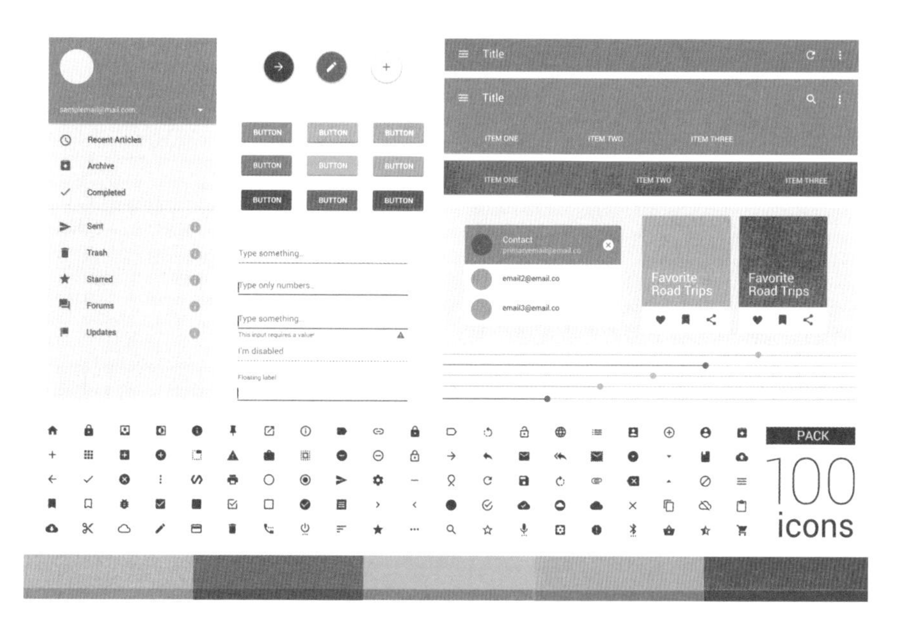

아이콘 및 인터페이스 디자인 사례

⑥ 사용성 테스트

개발한 모바일 애플리케이션은 출시 전 여러 단계의 사용성 테스트를 통한 검증 과정을 거친 후 앱 스토어와 마켓에 출시된다.

광고디자인 프로세스

광고디자인은 소비자의 구매 행동을 유도하기 위한 상업적 목적을 가지기 때문에 짧은 시간에 기억에 남을 수 있는 시각적 이미지와 메시지를 전달하는 것이 중요하다. 광고디자인은 신문, 잡지, 포스터, 옥외, 인터넷, TV 등과 같이 다양한 매체를 통해 제작이 가능한 분야이다. 지금부터는 여러 매체 중 시청각 요소를 통한 주목성과 광고 효과가 높은 TV 광고 디자인을 중심으로 제작 프로세스를 살펴보도록 한다.

다양한 광고디자인 사례

© Lucian Milasan / Shutterstock.com

© Pres Panayotov / Shutterstock.com

① 광고 기획

기획 단계에서는 시장 조사와 제품 및 타깃에 대한 분석을 통해 광고의 목표와 예산을 설정하고 커뮤니케이션 콘셉트와 전략을 만든다. 디자이너는 기획 단계에서부터 참여하는 경우도 있으나 광고 기획자로부터 기획안을 전달받은 후 제작팀의 아이디어 회의부터 참여하기도 한다.

② 스토리보드 작성

광고의 목표와 콘셉트가 정해지면 아이디어를 구체화하여 발전시킨 후, 광고의 핵심 장면을 컷별로 그린 스토리보드 시안을 여러 안으로 작성한다. 컴퓨터 영상작업은 재작업이 어려운 경우가 많기 때문에 처음부터 구체적인 스토리보드와 표현방법을 결정하는 것이 중요하다. 스토리보드 시안에는 핵심 장면의 이미지, 카피, 내레이션, 음향 효과 등을 상세히 기록한 후 광고주의 승인을 받게 된다.

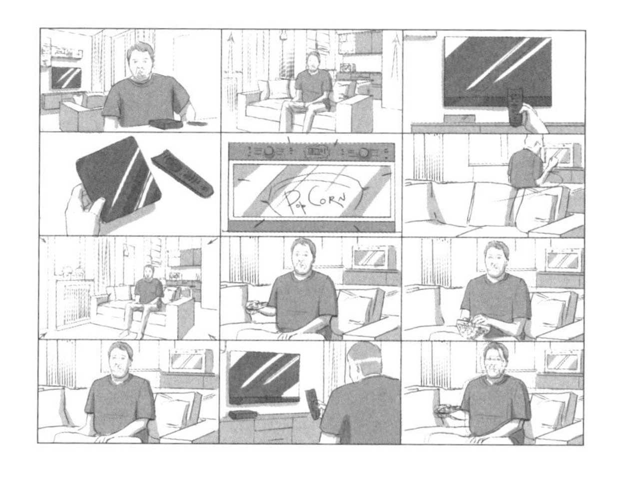

광고 스토리보드의 예시

③ 촬영

광고주로부터 최종 승인을 받은 스토리보드에 기반하여 촬영을 진행한다. TV 광고는 일반적으로 15초, 20초, 30초로 제작되며 원하는 장면 이미지가 연출될 때까지 여러 번에 걸쳐 반복적으로 촬영되는 경우가 많다.

④ 편집

촬영이 끝난 필름은 편집이 가능한 상태로 출력하여 TV 광고로 제작된다. 특수 효과가 필요한 경우에는 2D, 3D, 음향효과 등이 더해지기도 한다.

⑤ 심의 및 전달

최종 편집을 끝마친 광고 영상은 광고주와 한국광고자율심의기구의 사전 심의를 거쳐 한국방송광고공사에 전달된다.

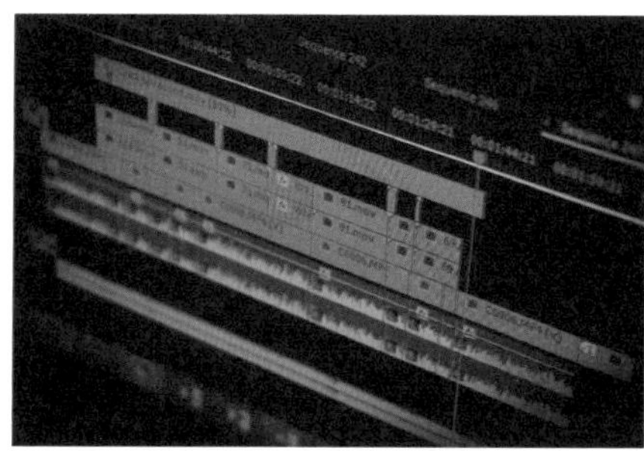

영상 편집 과정

공간디자인 프로세스

공간디자인은 건물의 전반적인 외관과 형태를 형상화하는 건축 디자인과 공간 내부의 형태를 디자인하는 인테리어 디자인을 하는 분야이다. 공간 디자이너는 주거 공간, 사무 공간, 공공 공간, 의료 공간, 전시 공간 등과 같이 목적에 따라 기능적이고 심미적인 공간을 기획하고 설계하는 일을 한다. 공간디자인은 공간에서 활동하는 사람들의 경험을 디자인하는 분야로 타깃과 사람들의 동선에 대해 이해하는 것이 중요하다.

ⓒ Ng KW / Shutterstock.com

ⓒ PixHound / Shutterstock.com

동대문 디자인플라자(DDP)

① 공간 분석 및 리서치

공간의 사용 목적과 제약 조건, 타깃 사용자에 대한 심층 분석을 통해 전체적인 계획을 세운다. 공간디자인의 기획 단계는 최종 결과물의 활용 예측까지 다각도로 진행되기 때문에 프로세스에서 중요한 역할을 한다.

② 아이디어 스케치

전 단계의 분석에 기초하여 다양한 아이디어 스케치를 전개하여 초기 개념을 시각화한다.

③ 도면 및 투시도 제작

구체적인 치수와 기본 건축물의 설계를 포함한 2D 도면 작업을 진행한 후,

3D 렌더링 작업을 진행한다. 렌더링 작업에서는 실제 사용할 색채와 재질을 적용하여 콘셉트를 효과적으로 표현하는 것이 중요하다. 건축물의 구조와 주변 건물들의 관계를 이해할 수 있도록 다양한 투시도 작업을 진행한다.

④ 모형 제작

모형 제작을 통해 공간의 규모와 형태, 비례 등을 검토한다. 최근에는 3D 프린터를 사용하여 보다 편리하고 효율적인 모형 제작이 가능하다.

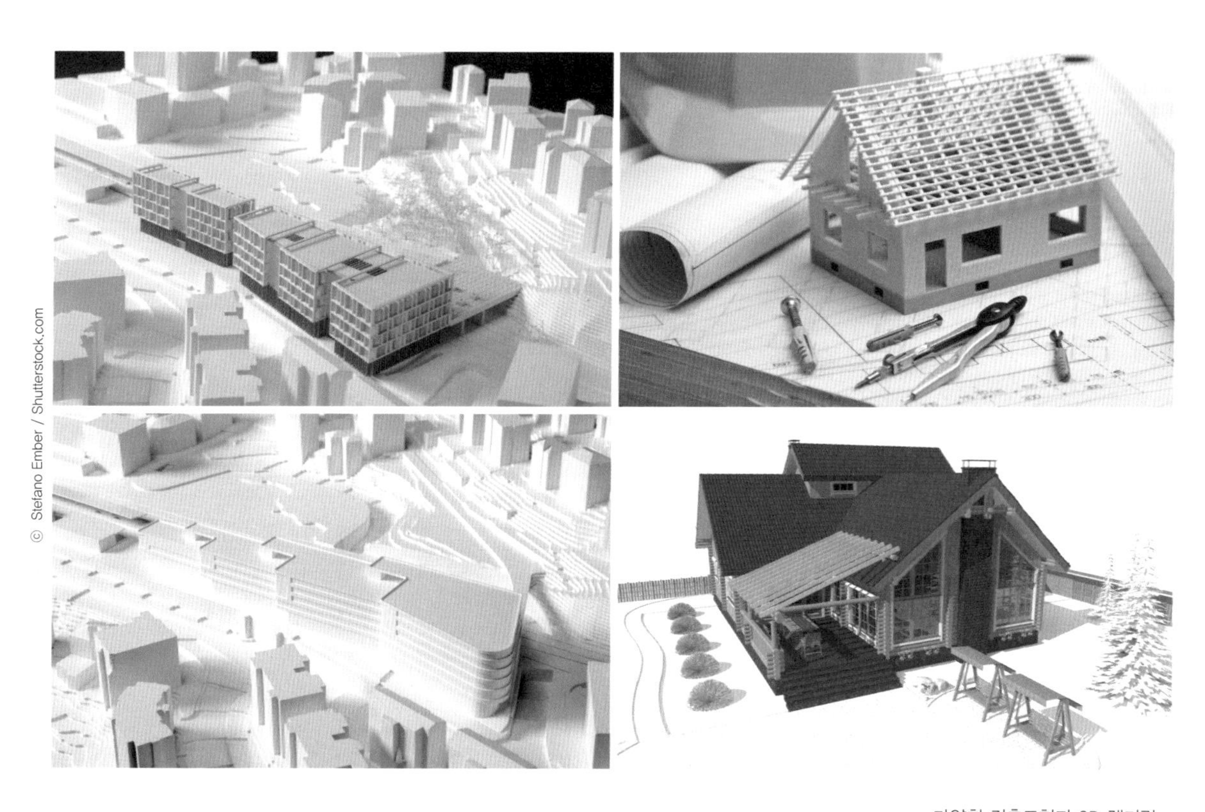

다양한 건축모형과 3D 렌더링 사례

⑤ 시공 및 평가

전문가의 심의를 거친 후 최종 수정된 설계도를 바탕으로 공사를 시행한다.

4 디자인 자료는 어디서 찾아야 할까?

양질의 풍부한 자료는 좋은 디자인을 만들어 내기 위한 밑거름이 된다. 디자인을 시작하기 전 주제와 관련한 자료를 탐색하며 영감을 얻을 수도 있고, 이미 존재하는 자료에서 새로운 것을 재발견해 나갈 수도 있기 때문이다. 지금부터는 디자인 작업에 필요한 이미지, 색채, 서체, 소재, 기술, 박람회 정보 등 다양한 자료를 수집할 수 있는 방법에 대해 살펴보자. 평소 자신이 관심 있는 분야의 자료를 꾸준히 수집한다면 디자인 창작물을 만드는 과정에서 시간을 절약할 수 있다.

이미지 자료

디자인 작업에 필요한 이미지 자료를 찾을 수 있는 방법은 아주 다양하다. 먼저, 인터넷 검색 엔진에서 원하는 이미지와 관련한 키워드를 입력하여 간편하게 찾는 방법이 있다. 구글 검색 엔진을 통한 이미지 검색의 경우 크기, 컬러, 유형, 시간 등 사용자가 원하는 검색 환경을 설정하면 자동으로 필터링을 해주기 때문에 목적에 따라 원하는 이미지를 빠르고 편리하게 찾을 수 있다. 단, 이미지의 저작권과 관련하여 주의해서 사용해야 하므로, 이미지를 디자인 작업에 직접 사용하는 것보다는 빠른 시간 내에 영감을 얻기 위한 목적으로 검색할 때 더 유용하다.

디자인 창작 시, 직접 사용해야 하는 이미지의 경우에는 이미지 대행 사이트를 활용하면 유용하다. 유료 이미지의 경우 직접 구매하여 사용할 수 있으며, 상업적인 사용이 아니라면 사용 범위 제한 없이 무료로 사용 가능한 이미지를 제공하는 사이트들도 있다. 다음은 디자인 작업에 사용할 수 있는 유료 및 무료 이미지 대행 사이트 목록이다. 각 사이트에서 이미지의 사용 범위를 확인하여 목적에 따라 사용한다.

- **게티 이미지 뱅크** www.gettyimagebank.com
- **그래티소그래픽** www.gratisography.com
- **셔터스톡** www.shutterstock.com
- **언스플래쉬** www.unsplash.com
- **페이퍼스코** https://papers.co
- **프리큐레이션** www.freeqration.com
- **픽사베이** www.pixabay.com
- **픽점보** www.picjumbo.com

디자인 작업에 직접 사용할 이미지 자료를 찾는 목적이 아니더라도, 디자인 작업을 위해 영감을 얻기 위한 목적으로 자료를 찾을 때에는 디자이너 포트폴리오 사이트에 방문해 보자. 이미지나 사진을 공유, 검색, 스크랩하는 이미지 중심의 소셜 네트워크 서비스를 제공하거나 온라인상에서 자신이 원하는 자료를 편리하게 검색하고 스크랩할 수 있는 기능을 제공하는 사이트도 있다. 관심 있는 주제와 분야에 따라 감각 있는 디자이너의 작품들을 감상하면서 다양한 자료를 꾸준히 모아 보자. 다음은 디자이너들이 자주 사용하는 포트폴리오 사이트 목록이다.

- **그라폴리오** www.grafolio.com
- **노트폴리오** www.notefolio.net
- **드리블** http://dribble.com
- **라우드소싱** www.loud.kr
- **북스동아** www.booksdonga.com
- **비헨스** www.behance.net
- **핀터레스트** www.pinterest.co.kr

EXERCISE
연습해 보기

디자이너 포트폴리오 사이트와 이미지 대행 사이트에 접속해서, 자신의 관심 주제에 따라 이미지 자료를 수집해 본다. 자신만의 분류 체계를 만들어 항목별, 목적별로 폴더를 구분하여 정리하며 자신의 관심과 스타일을 발견해 보자.

색채 자료

색채의 종류는 무수히 많으며 한 가지 색상이라도 명도와 채도의 변화에 따라 수천 가지 색채로 확장될 수 있다. 디자인에서 색채는 감정과 의미의 전달과 조화로운 표현 등에 있어서 중요한 역할을 하기 때문에 디자이너는 용도와 목적에 적합한 색채를 선택할 수 있어야 하며, 조화로운 배색을 할 수 있어야 한다.

2018년도의 팬톤 컬러인 울트라 바이올렛

팬톤(Pantone) 사에서는 매년 올해의 컬러를 선정하여 패션, 뷰티, 산업 디자인, 인테리어 등 다양한 디자인 분야에서 활용할 수 있는 트렌드 컬러를 제공하고 있다. 색채는 상품 판매에 중요한 영향을 주기 때문에 많은 산업 분야의 디자인 제작 시 색채 트렌드 자료를 참고하여 영감을 얻고 있다. 팬톤 사의 사이트에는 전 세계의 디자이너를 비롯한 일반인들이 자신에게 영감을 주는 팬톤 색채와 그 이유에 대해 기록하고 저장할 수 있는 'my Color my Idea' 데이터베이스를 제공하고 있어 컬러에 대한 전 세계인들의 생각을 공유할 수 있다.

다양한 디자인 소프트웨어들을 개발한 어도비(Adobe) 사의 컬러 사이트에서는 색상환을 활용하여 선택한 색의 디지털 색채 정보를 쉽게 검색할 수 있으며, 선택한 색의 유사색, 보색, 반대색 등에 대한 정보를 함께 제공하여 색상 배색 시 유용하게 활용할 수 있다. 자신이 원하는 색채와 관련한 키워드를 검색하면 전 세계에서 실시간으로 운영되는 데이터베이스를 통해 다양한 배색 샘플을 찾아볼 수 있다. 디자이너가 자주 사용하는 어도비 사의 소프트웨어와 유사한 인터페이스로 친숙하게 사용할 수 있다. 또한, 컴퓨터에 저장되어 있는 사진 이미지를 불러오면 사진과 유사한 색채 팔레트를 찾아 디지털 정보를 보여주는 기능이 제공되고 있어 디자인 작업에서 유용하게 활용할 수 있다.

다음은 디자인 작업 시 유용한 색채 및 배색과 관련한 정보를 얻을 수 있는 사이트 목록이다.

- **먼셀 컬러** www.munsell.com
- **문은배 색채디자인연구소** www.koreacolor.co.kr
- **어도비 컬러 CC** https://color.adobe.com
- **이화여자대학교 색채디자인연구소** colordesign.ewha.ac.kr
- **팬톤 코리아** www.pantone.kr
- **한국 색채 연구소** www.kcri.or.kr
- **IRI 색채 연구소** www.iricolor.com/index3.html
- **NCS** ncscolour.com

EXERCISE
연습해 보기

1. 인터넷 검색 엔진을 통해 '봄'이라는 주제로 디지털 사진 이미지 9가지를 수집해 본다. 자신이 직접 촬영한 디지털 사진을 사용해도 좋다.

2. 어도비 컬러 사이트(http://color.adobe.com)에 접속해서 디지털 사진 이미지에서 5가지 대표 색상을 추출하여 각각의 색채 값을 적어 본다. 사진에서 가장 밝은 부분, 어두운 부분, 채도가 높은 부분과 낮은 부분 등을 고려하여 다양한 색채를 추출해 본다.

3. 어도비 일러스트레이터 프로그램을 실행하여 나만의 색채 팔레트를 구성해 본다. 이때 조화로운 배색이 될 수 있도록 배열해 보자.

4. 자신의 색채 팔레트에서 연상되는 키워드를 3가지 작성하여 아래 예시와 같이 완성한다.

KEYWORD : 싱그러운, 푸른, 자연의

나만의 색채 팔레트 예시

서체 자료

디자인의 용도와 목적, 콘셉트에 적합한 서체를 선택하고 활용하기 위해서는 다양한 서체의 종류와 특징에 대해 숙지하고 있는 것이 중요하다. 다음은 디자인 작업에서 활용할 수 있는 국/영문 서체의 목록이다.

① 영문

- 가라몬드 Garamond
- 고담 Gotham
- 길 산스 Gil Sans
- 디도 Didot
- 딘 Din
- 록웰 Rockwell
- 메타 Meta
- 멤피스 Memphis
- 미리아드 프로 Myriad Pro
- 배스커빌 Baskerville
- 벰보체 Bembo
- 버다나 Verdana
- 보도니 Bodoni
- 사봉 Sabon
- 센추리 Century
- 옵티마 Optima
- 유니버스 Univers
- 조지아 Georgia
- 카퍼 플레이트 고딕 Copperplate Gothic
- 캐슬론 Caslon
- 클라렌돈 Clarendon
- 타임스 뉴 로만 Times New Roman
- 팔라티노 Palatino
- 푸추라 Futura
- 프랭클린 고딕 Franklin Gothic
- 프루티거 Frutiger
- 헬베티카 Helvetica Neue

② 국문

- 노토산스(본고딕)
- 나눔스퀘어라운드, 나눔스퀘어
나눔바른펜, 나눔바른고딕
나눔글꼴에코, 나눔손글씨
나눔고딕, 나눔명조
- 배달의민족 을지로체
배달의민족 한나체
배달의민족 기랑해랑체
배달의민족 연성체
배달의민족 도현체
배달의민족 주아체
- 명품고딕
- 본고딕
- 본명조
- 산돌명조
- 산돌고딕
- 서울 한강체
- 서울 남산체
- 안상수체
- 윤명조

- 윤고딕
- 정고딕
- 조선일보 명조
- KoPub 바탕체
- KoPub 돋움체

디자인 작업에 필요한 서체를 찾기 위해서는 다양한 글꼴을 탐색하는 과정이 필요하다. 워드마크 사이트(http://wordmark.it)에 접속한 후 검색창에 내가 원하는 단어를 입력하면 자신의 컴퓨터에 설치된 서체로 단어가 생성되는데, 컴퓨터에 설치된 모든 서체를 미리 볼 수 있어 디자인 작업 시 유용하게 활용할 수 있다.

다음은 국/영문 서체를 검색하고 다운받을 수 있는 사이트 및 서체 및 타이포그래피에 대한 정보를 얻을 수 있는 사이트 목록이다.

- **구글 노토산스** www.google.com/get/noto
- **구글 폰트** fonts.google.com
- **네이버 나눔 글꼴** hangeul.naver.com
- **눈누** noonnu.cc
- **다폰트** www.dafont.com
- **산돌 커뮤티케이션** www.sandoll.co.kr
- **서울 서체** www.seoul.go.kr/seoul/font.do
- **아모레퍼시픽 아리따체**
  www.apgroup.com/int/ko/about-us/visual-identitiy.aritatypeface.html
- **어도비 폰츠** fonts.adobe.com
- **우아한 형제들 배달의 민족 서체** www.woowahan.com/#/fonts
- **윤디자인** www.yoondesign.com
- **타이포그래피 서울** www.typographyseoul.com
- **타입 토큰** www.typetoken.net
- **폰트 스페이스** www.fontspace.com
- **폰트 인 유즈** fontsinuse.com
- **한국 출판인회의 KoPub 서체** www.kopus.org/Biz/electronic/Font.aspx

소재 및 기술 관련 자료

제품의 컬러와 재료, 질감 등과 같은 소재 관련 자료는 대구 경북 디자인센터 디자인 소재혁신 RIS 사업단에서 운영하는 '디자인소재은행' 사이트(www.designmb.or.kr)를 방문하면 국내외 최신 소재 및 가공 정보를 탐색할 수 있다.

다양한 질감과 패턴, 색상을 지닌 종이를 직접 보고 선택할 수 있는 곳으로는 두성종이에서 제공하는 '인더페이퍼'와 삼원특수지에서 운영하는 '페이퍼모어'가 있다. 다양한 무게감의 그래픽 디자인 용지를 비롯하여 트레이싱지, 산업용지, 미술용지 등 여러 종이를 직접 보고 구입할 수 있으며, 디지털 출력소를 함께 운영하고 있어 인쇄 관련 디자인 작업 시 유용하다.

다음은 다양한 소재 및 기술 관련 정보를 얻을 수 있는 사이트 목록이다.

- **두성종이 인더페이퍼** www.doosungpaper.co.kr
- **디자인 소재은행** www.designmb.or.kr
- **삼원 페이퍼 모어** www.papermore.com
- **알토조명** www.alto.co.kr
- **LG 하우시스** www.lghausys.co.kr
- **유로타일** www.euro-tile.co.kr
- **윤현상재** www.younhyun.com
- **이건창호** www.eagon.com
- **한솔제지** www.hansolpaper.co.kr
- **한솔홈데코** www.hansolhomedeco.co.kr

박람회 정보

다음은 좋은 디자인을 소개하는 세계적인 디자인 박람회와 굿 디자인 공모전의 목록이다. 굿 디자인으로 선정된 세계적인 디자인 작품을 감상하면 디자인의 트렌드와 좋은 디자인을 보는 안목을 넓힐 수 있다.

- 국제 타이포그래피 비엔날레 타이포잔치 www.typojanchi.org
- 디자인 코리아 www.designkorea.or.kr
- 레드닷 디자인 어워드 en.red-dot.org
- 모바일 월드 콩그레스(MWC) www.mwcbarcelona.com
- 밀라노 가구 박람회 www.salonemilano.it/en
- 베를린 국제가전박람회(IFA) www.ifa-berlin.com
- 볼로냐 국제 아동도서전 http://bolognachildrensbookfair.com
- 서울 리빙디자인페어 www.livingdesignfair.co.kr
- 서울 VR AR 엑스포 seoulvrar.com
- 서울 일러스트레이션 페어 www.seoulillustrationfair.co.kr
- 세계가전전시회(CES) www.ces.tech
- iF 디자인 어워드 www.ifworlddesignguide.com
- 캐릭터 라이센싱 페어 www.characterfair.kr/wp
- 코리아 하우징 리빙 페어 www.homelivingfestival.kr
- 한국국제아트페어(KIAF) www.kiaf.org

다음은 다양한 디자인 관련 정보를 얻을 수 있는 기관의 사이트이다.

- 구글 머티리얼 디자인 material.io
- 동대문 디자인 플라자 www.ddp.or.kr
- 디자인 붐 웹 매거진 www.designboom.com
- 디자인 정글 www.jungle.co.kr
- 매거진 〈B〉 www.magazine-b.com
- 서울 디자인 재단 www.seouldesign.or.kr
- 인터브랜드 베스트 글로벌 브랜드 www.interbrand.com/best-brands
- 영국 디자인 카운슬 www.designcouncil.org.uk
- 한국 디자인 진흥원 www.kidp.or.kr

PART

DESIGN PROJECT

디자인 프로젝트

CHAPTER

SHALL WE START THE DESIGN PROJECT?

디자인 프로젝트를 시작해 볼까?

SHALL WE START THE DESIGN PROJECT?

1 삽화 디자인

illustration

안영희 학생 작품

삽화 디자인 사례

삽화는 서적의 내용을 보충하거나 이해를 돕기 위한 그림이다. 삽화 디자인 프로젝트를 통해 자신이 좋아하는 서적의 내용을 함축적으로 표현하는 방법에 대해 실습해 보자. 위의 작품 사례는 하상욱 시인의 단편 시집 《서울시》 중 시 '리모콘'과 '선풍기'에 대한 삽화 디자인 작업 결과이다.

프로젝트 기간 2~3주
프로젝트 난이도 ■■□□□
준비도구 스케치북, 드로잉 도구, 2D 소프트웨어 프로그램
어도비 일러스트레이터(Adobe Illustrator) 또는 포토샵(Adobe Photoshop)

디자인 프로세스

1단계 : 주제 선정 및 자료 수집하기

소설, 동화, 수필, 시집 중에서 자신이 좋아하는 서적을 한 가지를 선택한다. 삽화 작업을 진행하고 싶은 가장 흥미롭고 인상적인 부분의 텍스트를 발췌하여 적는다.

2단계 : 아이디어 발상 및 콘셉트 도출하기

텍스트에서 연상되는 아이디어를 문자와 시각 이미지로 자유롭게 적거나 그려 본다. 떠오르는 생각을 가능한 한 많이 빠르게 적은 후, 가장 흥미로운 아이디어들을 중심으로 삽화 디자인을 통해 표현하고자 하는 핵심 방향인 콘셉트를 도출한다.

3단계 : 아이디어 시각화하기

도출한 콘셉트에 따라 아이디어 스케치를 진행한다. 책의 판형과 크기를 고려하여 삽화와 텍스트가 들어갈 좋은 레이아웃의 구성을 디자인한다.

4단계 : 디자인 개발하기

컴퓨터 프로그램을 사용하여 삽화 디자인을 완성한다. 삽화의 분위기와 어울리는 서체를 선택하여 텍스트를 삽입하거나, 여러 장의 삽화를 추가로 그려서 시리즈물로 완성하는 것도 좋다.

작업 규칙 및 유의사항

- 여러 장의 삽화를 진행할 경우, 전체적인 디자인이 통일감 있도록 할 것
- 텍스트와 삽화의 조화로운 구성을 찾을 것

패턴 디자인 2

pattern design

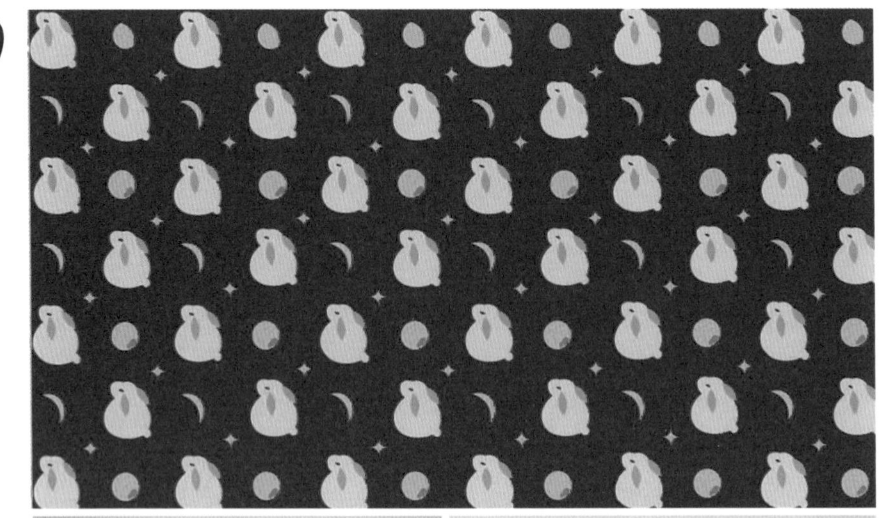

채유선 학생 작품

달 토끼를 주제로 한 패턴 디자인 사례

패턴 디자인 프로젝트에서는 사물의 형태를 관찰하고 특징을 단순화시키는 작업을 통해 새로운 패턴을 개발한 후 다양한 상품에 적용시켜 본다. 패턴의 구조를 이루는 조형 원리와 조화로운 배색 연습을 통해 디자인 감각을 향상시켜 보자.

프로젝트 기간	4주
프로젝트 난이도	■■□□□
준비도구	스케치북, 드로잉 도구, 2D 소프트웨어 프로그램 어도비 일러스트레이터(Adobe Illustrator)

디자인 프로세스

1단계 : 주제 선정하기

개인 관심사에 따라 한 가지 주제를 중심으로 두 가지 대상(예 사물, 동물, 식물 등)을 선정한다.

2단계 : 관찰 및 아이디어 스케치하기

선정한 대상에 대한 다양한 이미지 자료를 수집하여 대상의 형태를 관찰한다. 대상의 특징을 포착하여 2차원의 평면으로 스케치를 전개하여 아이디어를 확장시켜 보자.

3단계 : 기본 형태 그리기

대상의 특징을 가장 잘 표현한 스케치를 한 가지 선택한 후 일러스트레이터 프로그램을 사용하여 두 가지 대상의 기본 형태를 그린다. 처음에는 색을 사용하지 않고 흑백으로 표현한다.

4단계 : 패턴화 및 배색하기

두 개의 대상을 유기적·반복적으로 배열하여 패턴을 완성한 후, 주제 및 패턴의 분위기와 어울리는 색을 적용한다.

5단계 : 애플리케이션에 적용하기

완성한 패턴 디자인을 생활용품, 문구, 패션 등 다양한 상품 애플리케이션에 적용해 보자. 포토샵 프로그램을 사용하여 합성하거나 무료 목업(mock-up) 사이트의 프로그램을 활용하여 적용하는 것도 가능하다.

작업 규칙 및 유의사항

- 대상을 반복적으로 배열하는 과정에서 생성되는 리듬과 여백 공간에 집중하며 가장 조형적으로 보기 좋은 패턴을 찾을 것
- 색채의 톤과 분위기가 주제와 연결성이 있도록 할 것

디지털 드로잉 3

digital drawing

박서린 학생 작품

엽서 만들기 작품 사례

이번 프로젝트는 태블릿을 이용하여 자신의 이야기를 담은 엽서를 만들어 보는 작업이다. 이러한 작업을 통해서 자신이 정한 주제에 맞는 다양한 표현기법을 익히고 개성 있고 감각적인 일러스트레이션을 컴퓨터로 표현하는 연습을 해볼 수 있다.

프로젝트 기간 3주

프로젝트 난이도 ■■□□□

준비도구 스케치북, 드로잉 도구, 태블릿, 2D 소프트웨어 프로그램
어도비 포토샵(Adobe Photoshop)

디자인 프로세스

1단계 : 주제 선정 및 자료 수집하기

자신의 관심사에 따라 표현해 보고 싶은 주제를 선정해 보자. 그리고 자신이 정한 주제를 표현할 수 있는 다양한 자료를 수집해 본다. 주제는 하나의 사물이어도 되고 자신이 좋아하는 사람이나 동물, 장소나 풍경 등 제한은 두지 않는다.

2단계 : 아이디어 스케치

자신이 정한 주제를 실제 엽서 크기(10cm x 14.8cm)에 스케치해 본다. 같은 주제라도 다양한 구도로 표현할 수 있다. 네 가지 이상의 다양한 아이디어 스케치를 해본다. 주제에 맞는 텍스트를 직접 쓰거나 첨부해도 좋다.

3단계 : 채색 및 다양한 스타일 연습하기

이제 스케치를 컴퓨터 안에서 구현해 볼 차례이다. 종이에 그려진 스케치를 스캔해서 컴퓨터에서 열어도 좋고 다시 컴퓨터에서 직접 스케치해 보는 것도 좋다. 네 가지 이상의 스케치를 수채화기법, 유화기법 등 다양한 방법으로 채색해 본다.

4단계 : 출력 및 완성하기

완성된 디자인 드로잉 중에서 가장 주제를 효과적으로 표현한 작업을 골라 인쇄해 본다. 종이의 재질에 따라 느낌이 달라지므로 다양한 용지에 인쇄해 보는 것도 좋다. 인쇄된 엽서에 편지를 적어 가족이나 친구들에게 나누어 주면 나의 디자인을 지인들과 나눌 수 있는 좋은 경험이 될 것이다.

작업 규칙 및 유의사항

- 주제와 전체적인 분위기와 톤이 맞는지 살펴볼 것
- 다양한 표현기법을 적용해 볼 것
- 컴퓨터 작업 시에는 인쇄에 적합한 CMYK 모드로 작업할 것

북 디자인 4

book design

북 디자인 사례

북 디자인 프로젝트는 자신의 이야기를 담은 일러스트레이션을 그린 후 책으로 제본하는 작업이다. 본 프로젝트를 통하여 개성 있고 감각적인 일러스트레이션 디자인을 위한 창의적인 발상과 다양한 표현기법에 대해 연습해 보자.

프로젝트 기간 4주

프로젝트 난이도 ■■□□□

준비도구 4절 도화지, 드로잉 도구, 채색도구, 30cm 자, 마스킹테이프

디자인 프로세스

1단계 : 주제 선정 및 자료 수집하기

일주일 동안 자신이 사용하거나 소비한 물건들을 촬영하거나 글로 적어 스크랩한다. 그중에서 가장 흥미로운 대상을 10가지 선정하여 대상의 사진 또는 실제 물건을 수집한 후, '나에게 가장 소중한 10가지 물건'과 같이 각자 수집한 대상을 잘 표현할 수 있는 책의 주제를 정해 본다.

2단계 : 책 판형 및 내용 구성하기

책의 판형(가로, 세로, 정방형)을 결정하고, 같은 크기의 도화지 10장을 준비한다. 자신이 선택한 10개의 대상을 어떠한 순서로 배열할 것인지 계획해 보자.

3단계 : 드로잉 및 채색하기

도화지 한 장에 한 개의 대상을 그려 총 10장의 일러스트레이션을 완성한다. 처음에는 검은색 라인드로잉으로 시작하여 점차 색상을 추가하거나, 배경을 가득 채우는 방식으로 작업을 진행하여 페이지마다 다양한 표현기법이 나타날 수 있도록 한다.

4단계 : 표지 디자인하기

전체적인 책의 내용과 분위기를 잘 보여주는 앞표지와 뒤표지 디자인을 완성한다. 앞표지에는 책의 제목을 함께 기재한다.

5단계 : 제본 및 완성하기

전체 페이지와 앞뒤 표지를 연결하여 아코디언 바인딩 형식으로 책을 제본한다. 전체적인 책의 흐름이 자연스럽게 연결되었는지 점검해 보자.

작업 규칙 및 유의사항

- 마주보는 페이지의 레이아웃과 색채가 조화롭도록 구성할 것
- 10장의 페이지를 모두 펼쳤을 때 주제가 잘 전달되는지 확인할 것
- 한 가지 주제로 다양한 표현기법을 시도해 볼 것

아이콘/ 픽토그램 디자인 5

icon/pictogram design

아이콘 디자인 작품 사례 : 여행자의 아이콘

이번 프로젝트는 '여행자의 아이콘' 프로젝트이다. 언어를 모르는 나라를 여행하기 위해, 여행 중에 필요한 말을 아이콘으로 디자인해서 들고 가려고 한다. 가지고 다니기 좋고, 펼치기 좋도록 A4 용지 한 페이지에 15~20개의 아이콘이 들어가도록 디자인한다. 다음의 내용을 아이콘으로 디자인해 보자. 이 아이콘을 보는 사람은 한글도, 영어도 모르는 것으로 가정한다.

프로젝트 기간	2주
프로젝트 난이도	■■■□□
준비도구	스케치북, 드로잉 도구, 2D 소프트웨어 프로그램 어도비 일러스트레이터(Adobe Illustrator) 또는 포토샵(Adobe Photoshop)

디자인 프로세스

1단계 : 아이콘 디자인의 메시지 선정 – 여행에 필요한 문장 15~20개 선정하기

1) 물을 먹고 싶어요.
2) 이것은 얼마인가요?
3) 음식점이 어디에 있을까요?(혹은, 배가 고파요.)
4) 화장실에 가고 싶어요.
5) 방이 있나요?(객실이 있나요?)
6) (택시에서) 이곳에 데려다 주세요.
7) 병원에 가야 해요.(혹은, 몸이 아파요.)
8) 약국에 가야 해요.
9) 버스 정류장이 어디에 있나요?
10) 렌터카를 빌리고 싶어요.
11) 차는 어디에 반납하면 되나요?
12) 지하철역이 어디에 있나요?
13) 공항이 어디에 있나요?
14) 짐을 찾으려고 합니다.
15) 저의 사진 좀 찍어 주세요.
16) 저와 함께 사진을 찍어 주시겠어요?
17) 편의점이 어디에 있나요?
18) 환전할 수 있는 곳을 알려주세요.
19) 커피숍이 어디에 있나요?
20) 근처에 뮤지엄이 있나요?
21) 한국 음식이 먹고 싶어요.
22) 휴대폰을 충전할 수 있을까요?
23) 기타

2단계 : A4 용지 한 페이지에 15~20개의 아이콘이 들어가도록 공간 배치하기

한 페이지의 종이로 모든 의사소통이 가능하여야 한다.

3단계 : 발상과 아이디어스케치 진행하기

어떤 메시지를 어떤 기호로 표현할 수 있을지 생각한다. 아이디어를 시각화·구체화한다.

4단계 : 완성하기

아이디어 스케치를 실제 사용할 아이콘 디자인으로 완성한다. 시각적 완성도를 높이고, 전체 아이콘이 하나의 세트로 보일 수 있도록 시각적 유전자를 생각해 아이콘을 완성한다.

5단계 : 피드백 받기

주변 사람들에게 해당 아이콘이 제대로 소통되는지 알아본다. 우리나라 특유의 문화나 상징, 배경 등으로 인해 우리나라 사람들만 알아볼 수 있는 요소는 없는지도 확인한다.

작업 규칙 및 유의사항

- 전체의 아이콘이 제각각이 아니라 통일감 있어 보이도록, 한 세트의 디자인이 되게 할 것
- 한 페이지로 필요한 모든 일을 할 수 있도록 할 것

앨범 커버 디자인

album cover design

차승철 학생 작품

앨범 커버 디자인 사례

앨범 커버 디자인 프로젝트는 자신이 좋아하는 음원 또는 뮤지션의 앨범 표지를 디자인하는 작업이다. 자신이 선택한 곡의 특징과 감성을 사진, 일러스트레이션, 색채, 타이포그래피 등을 활용하여 시각적으로 표현할 수 있는 다양한 방법을 실습해 보자.

프로젝트 기간 4주
프로젝트 난이도 ■■■□□
준비도구 스케치북, 드로잉 도구, 2D 소프트웨어 프로그램
어도비 일러스트레이터(Adobe Illustrator) 또는 포토샵(Adobe Photoshop)

디자인 프로세스

1단계 : 음원 선정 및 아이디어 발상하기

좋아하는 음원을 반복적으로 들으며 곡의 특징과 연상되는 단어 또는 이미지를 자유롭게 적고 그려 보자. 선택한 곡의 빠르기와 리듬은 어떠한지, 연주되는 악기는 무엇인지, 전체적인 곡의 분위기는 어떠한지 다양하게 생각해 본다.

2단계 : 콘셉트 도출하기

전 단계의 아이디어 중에서 가장 흥미로운 주제를 중심으로 핵심 키워드 5가지를 선택한 후, 앨범 커버 디자인을 통해 표현하고자 하는 디자인의 방향을 찾아본다.

3단계 : 리서치 및 자료 수집하기

앨범 커버 디자인에 사용하고자 하는 색채와 서체 및 관련 이미지 자료를 수집하여 자신이 의도하는 디자인과 비슷한 분위기를 보여줄 수 있는 한 장의 무드보드를 만든다.

4단계 : 아이디어 스케치 및 디자인 개발하기

다양한 아이디어 스케치를 통해 자신의 주제를 가장 잘 표현할 수 있는 디자인을 선택한 후, 뮤지션의 이름과 음원명, 그래픽 요소를 사용하여 컴퓨터 작업을 진행한다.

5단계 : 디자인 완성 및 매체 적용하기

컴퓨터 작업의 레이아웃과 그래픽 표현에 있어서 주제가 잘 나타나고 있는지, 보완할 부분이 없는지 점검해 본다. 마지막으로 최종 완성된 디자인은 실제 앨범 커버 또는 스마트폰의 음악 재생 화면 등에 적용해 본다.

작업 규칙 및 유의사항

- 선택한 곡의 특징과 감성을 시각적으로 표현하는 것에 집중할 것
- 서체와 그래픽 이미지가 잘 조화를 이룰 수 있는 레이아웃을 찾을 것

아이디어 명함 디자인 7

businesscard design

명함 디자인 작품 사례 : 일러스트레이터의 명함

명함은 자신이 어떤 사람인지 설명하는 카드이다. 주로 비즈니스 상황에서 사용할 용도로 제작하는 경우가 많기 때문에 자신이 하는 일을 소개하는 경우가 일반적이다. 계획을 반영하거나, 상상력을 동원해 나의 10년 후 명함을 디자인한다. 10년 후 나는 어떤 사람인지, 내가 하고 있을 일이 무엇인지 반영되게 한다. 강한 콘셉트 표현을 연습하는 차원에서 표현의 영역이 다양한 명함을 만들어 본다. 소재는 자유. 기발한 아이디어를 반영해 보는 상상력 연습시간이기도 하다.

프로젝트 기간	3주
프로젝트 난이도	■■■□□
준비도구	콘셉트에 맞는 재질의 종이 등 입체물에 필요한 소재, 2D 소프트웨어 프로그램 어도비 일러스트레이터(Adobe Illustrator) 또는 포토샵(Adobe Photoshop)

디자인 프로세스

1단계 : 10년 후 내 모습 상상하기

10년 후 나는 어떤 일을 하고 있을까 상상한다. 디자이너라면 시각디자이너인지 공간디자이너인지 패션디자이너인지 생각한다. 시각디자이너라면 어떤 아이덴티티를 가진 시각디자이너인지 생각한다. 일러스트레이션 작업을 주로 하는 사람인지, 서체디자인을 하는 사람인지, 영상디자인을 하는 사람인지 생각한다. 10년 후 나의 일과 나의 정체성을 정리한 문장이 입체 명함 프로젝트의 디자인 메시지이다.

2단계 : 아이덴티티에 맞는 콘셉트 결정하기

10년 후 나의 일과 정체성을 시각적으로 어떻게 표현할 것인가 생각한다. 표현하기에 알맞은 소재도 생각해 본다. 디자인 메시지를 어떠한 방식으로 표현할까를 결정하는 것이 디자인 콘셉트를 잡는 일이다.

3단계 : 아이디어 스케치 및 비주얼 표현 작업하기

아이디어 스케치로 비주얼적 표현방법을 구상한다. 명함의 크기, 재질, 컬러 등 구체적인 명함의 조형 요소도 결정한다. 명함의 가장 일반적인 사이즈는 85mm×54mm 정도이지만, 크기와 디자인, 재질이 다양한 경우도 있다. 일반적으로는 종이를 가장 많이 사용하지만 얇은 플라스틱이나 다른 소재를 사용하기도 한다.

4단계 : 디자인 개발 및 완성하기

아이디어 스케치 중 정체성을 잘 표현하는 안을 선정한 후 결정한 크기, 재질, 컬러를 사용해 디자인을 완성한다.

작업 규칙 및 유의사항

- 실제로 명함을 제작할 때에는 대량으로 제작할 수 있는 방법을 사용하는 것이 일반적이지만, 이 프로젝트는 디자인 메시지를 디자인 콘셉트로 표현하는 것과 정체성을 시각적으로 표현하는 것을 연습하는 프로젝트이기 때문에 콘셉트의 구상과 표현, 정체성의 표현에 더 초점을 둘 것

패키지 디자인 8

package design

한세희 학생 작품

반려견을 위한 유기농 케이크 박스 디자인 작품 사례

재미있는 콘셉트의 케이크 가게를 기획하고 그 가게에서 사용할 케이크 박스를 디자인하는 작업이다. 케이크 전문점 브랜드를 기획하고 브랜드 콘셉트에 맞는 시각요소를 도출하여 패키지를 제작해 보는 경험을 할 수 있다.

프로젝트 기간 3주

프로젝트 난이도 ■■■□□

준비도구 4절 도화지 4장, 연필, 지우개, 검은색 펜, 채색도구, 30cm 자, 제도 칼, 풀, 2D 소프트웨어 프로그램

어도비 일러스트레이터(Adobe Illustrator) 또는 포토샵(Adobe Photoshop)

디자인 프로세스

1단계 : 케이크 전문점의 콘셉트 정하기

기존에 존재하지 않는 재미있는 케이크 전문점 브랜드를 기획하자. 주로 어떤 사람들이 이 전문점에 올 것인지 정하자. 즉, 브랜드 콘셉트 및 타깃 설정하는 단계이다.

2단계 : 케이크 전문점의 브랜드 네이밍 정하기

이 케이크 전문점의 이름을 정해 보자. 전문점의 특징이 잘 전달되고 발음하기 좋으며, 기억에도 오래 남을 수 있는 이름을 생각해 보자. 연습장에 생각나는 대로 자유롭게 적어 보고 그중에서 선택하는 방법도 좋다.

3단계 : 아이디어 스케치 및 디자인 개발하기

브랜드의 특징을 잘 나타낼 수 있는 이미지를 찾아보고, 다양한 아이디어 스케치를 통해 자신이 정한 케이크 전문점의 콘셉트를 가장 잘 표현할 수 있는 디자인을 선택한다. 그 후 케이크 전문점의 이름과 그래픽 요소, 메인 컬러와 배색 등을 적용하여 전개도에 채색도구로 직접 그려 보자.

4단계 : 디자인 완성 및 매체 적용하기

디자인이 결정되면 컴퓨터 작업을 통해 디자인을 완성해 보자. 컴퓨터 작업의 레이아웃과 그래픽 표현에 있어서 주제가 잘 나타나고 있는지, 보완할 부분이 없는지 점검해 본 후, 디자인 작업을 마무리하자.

작업 규칙 및 유의사항

- 케이크 전문점의 콘셉트를 시각적으로 표현하는 것에 집중할 것(형태와 컬러)
- 케이크 박스 전개도에 그래픽 요소를 잘 배치하여 보는 위치에 따라 시각정보가 잘 전달될 수 있는지를 체크하고 디자인의 구성을 찾을 것

9 사진 영상

photography film

이평화·임노준·김재영 학생 작품

사진 영상 작품 사례 : Love Story

주제를 정하고 스토리를 구성하여 그에 맞게 사진을 촬영한 후 그 사진들로 영상을 만들어 보는 작업이다. 주제와 스토리에 맞는 사진을 다양하게 찍어 보고 사진을 이용한 영상을 음악과 함께 완성하여 사진 영상 디자인에 대한 창의적 표현력을 향상시켜 보자.

프로젝트 기간	4주
프로젝트 난이도	■■■□□
준비도구	스케치북, 연필, 사진기, 영상 제작 프로그램 프리미어(Adobe Premiere), 무비메이커(Moviemaker), 아이무비(iMovie), 알씨(Alsee), 또는 곰믹스(Gommix) 등

디자인 프로세스

1단계 : 주제 선정 및 스토리 아이디어 발상하기

자유롭게 주제를 선정한 후, 그 주제에 맞는 스토리를 만들어 보자. 주제에 맞게 사진 찍을 대상과 분위기를 떠올리며 스토리를 구성해 보자.

2단계 : 스토리 아이디어 스케치 및 사진 촬영 계획하기

정해진 스토리를 스케치북에 스케치해 보자. 장면 구성에 필요한 사진을 떠올리며 화면을 어떻게 구성할 것인지 스케치해 보자. 프레임에 넣을 사진을 찍기 전 준비단계로 필요한 사진이 무엇인지 자세히 그리고 사진 촬영을 계획한다. 최종 사진 영상의 길이를 생각하여 필요한 사진 개수를 가늠하고 전체적인 영상의 분위기와 톤도 정해 보자.

3단계 : 사진 촬영하기

사진 영상에 들어갈 사진을 찍는다. 스토리 구성에 꼭 필요한 사진들을 계획에 따라 창의적으로 촬영한다. 자연적인 주변 환경이나 계획하여 연출된 사진도 다양하게 촬영하여 활용할 수 있다.

4단계 : 사진 고르기 및 음악 찾기

직접 촬영하여 준비한 사진들을 보며 스토리에 적합한 사진들을 고른 후, 스토리에 맞게 배열해 보자. 더 필요한 사진들은 추가로 촬영한다. 또한 영상의 분위기에 잘 맞는 음악을 찾아보자.

5단계 : 사진 영상 제작 및 완성하기

영상 제작 프로그램에 선택된 사진들을 올리고 정해진 영상 길이(시간)에 맞게 제작한다. 오프닝 장면과 엔딩 장면에 그래픽 화면도 활용해 보고 중간중간 자막도 넣어 보자. 스토리에 맞게 사진이 배열되었는지 보고 사진 추가 및 수정 작업을 한다. 준비한 음악도 적용하여 사진 영상을 완성한다.

작업 규칙 및 유의사항

- 영상의 길이(시간)에 맞는 사진 수를 잘 가늠하여 촬영에 임할 것
- 영상의 전체적인 톤과 사진의 분위기, 구도 등을 세심히 살펴서 촬영할 것

모션 그래픽 10

motion graphic

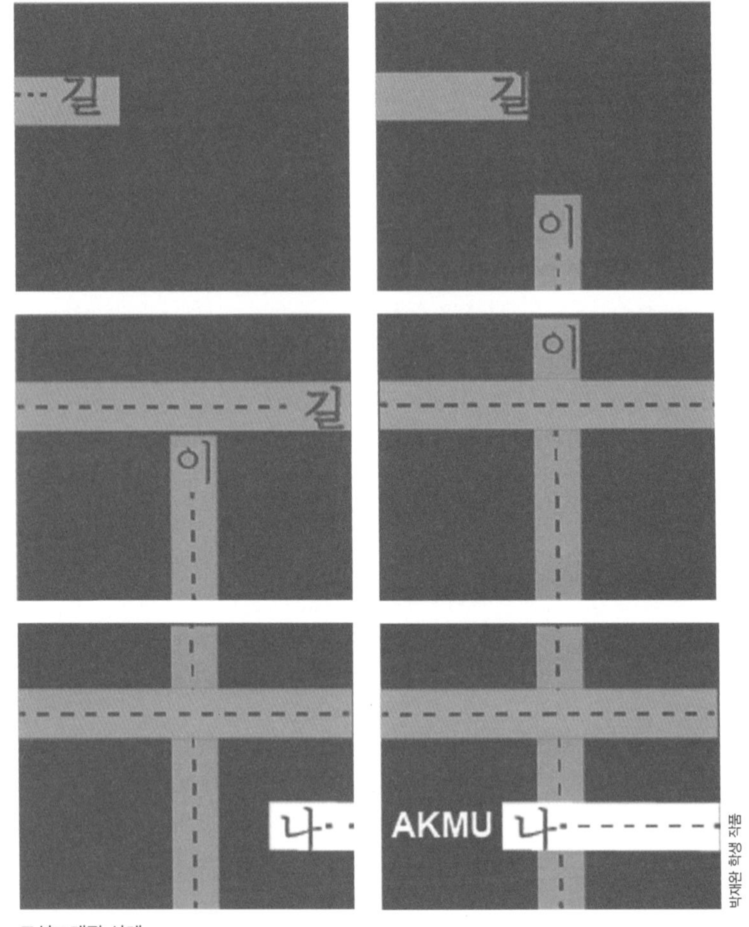

모션그래픽 사례

모션 그래픽은 말 그대로 움직이는 그래픽을 뜻하는데 컴퓨터 안에서 그래픽의 요소를 움직임으로 표현하는 것을 말한다. 모션 그래픽의 한 종류인 키네틱 타이포그래픽(kinetic typography)은 자신이 좋아하는 음악을 시각적인 움직임을 통해 표현해 보는 디자인 작업이다. 곡의 리듬과 박자에 맞게 가사, 색채, 이미지 등을 움직이게 하여 자신이 고른 곡을 가장 잘 표현할 수 있는 다양한 방법을 공부해 보자.

프로젝트 기간 5주
프로젝트 난이도 ■■■■□
준비도구 스케치북, 드로잉 도구, 2D 소프트웨어 프로그램
어도비 에프터 이펙트(Adobe After Effect), 어도비 프리미어(Adobe Primeir), 어도비 일러스트레이터(Adobe Illustrator) 또는 포토샵(Adobe Photoshop)

디자인 프로세스

1단계 : 음원 선정하기

자신이 표현하고자 하는 노래를 선정하고 이 음악을 통해 아티스트가 표현하고자 하는 주제가 무엇인지 생각해 보자. 시작에 앞서 전체적인 가사를 적어 보는 것도 좋은 방법이다. 곡을 반복적으로 들으면서 생각나는 이미지와 느낌을 자유롭게 적어 보는 것도 좋다.

2단계 : 콘셉트 도출하기

자유롭게 적은 키워드 중 자신이 선택한 곡을 가장 잘 나타낼 수 있는 핵심 키워드를 선택하여 무드보드를 만들어 보자. 이 곡에서 연상되는 색, 가사에 맞는 서체, 이 곡을 표현하는 데 추가적으로 사용되어야 하는 이미지가 없는지 생각해 보자.

3단계 : 스토리 라인 구성하기

무드보드를 중심으로 화면 구성 시나리오를 작성해 보자. 스토리 라인은 한 소절 한 소절 움직이는 흐름이 한눈에 시각적으로 보이게 해야 한다.

4단계 : 움직이는 영상 만들기

제작된 스토리 라인을 중심으로 컴퓨터 프로그램(Adobe After Effect)에서 이미지나 가사에 움직임을 부여할 수 있는 다양한 효과도 적용해 보자. 필요하다면 이미지 소스를 포토샵이나 일러스트레이터에서 미리 작업하여 불러올 수 있다.

5단계 : 디자인 완성 및 코딩하기

지속적인 플레이를 통해서 음악과 영상의 박자가 맞지 않는 부분은 없는지 확인한다. 보완할 부분이 없는지 최종 점검해 본 후, 수정사항이 없다면 완성된 작업을 코딩하여 영상으로 만든다. 이때 음원이 정확히 들어갔는지, 자신이 원하는 파일의 형식으로 바르게 출력되었는지 여러 번 재생하여 확인하여야 한다.

작업 규칙 및 유의사항

- 곡의 흐름과 시각적 움직임이 일치되게 표현하는 것에 집중할 것
- 전체적으로 장면의 연결이 자연스럽고 통일감이 유지되었는지 확인할 것

팝업북 디자인 11

pop-up book design

박지호 학생 작품

팝업북 디자인 작품 사례 : 〈겨울왕국〉 중

팝업북은 책을 펼치면 그림 등이 입체적으로 튀어나오도록 디자인한 책을 말한다. 책을 여닫을 때 종이가 움직이게끔 만들어진 경우도 많다. 팝업북은 중세 때 생겨난 것으로 전해지며 19세기 말 영국에서는 대중적으로 인기가 있었다. 팝업북 작가로는 미국인 작가인 로버트 사부다(Robert James Sabnda), 매튜 레인하트(Matthew Reinhart) 등이 알려져 있다. 팝업북은 종이를 평면이면서 입체로 사용한다. 공간과 움직임을 잘 설계해야 의도한 효과가 나타난다는 점에서 흥미로운 작업이다.

프로젝트 기간 4~5주

프로젝트 난이도 ■■■■□

준비도구 스토리와 콘셉트에 부합하는 재질의 두께감 있는 종이, 드로잉 도구, 컬러링 도구, 2D 소프트웨어 프로그램

어도비 일러스트레이터(Adobe Illustrator) 또는 포토샵(Adobe Photoshop)

디자인 프로세스

1단계 : 준비하기

기존의 팝업북을 살펴본다. 책을 펼쳤을 때의 움직임을 어떻게 설계했는지 분석한다.

2단계 : 이야기 구성하기

팝업북으로 만들 이야기를 선정한다. 새로운 이야기를 만들어도 좋고 기존의 이야기를 활용할 수도 있다.

3단계 : 세 장의 장면 구성하기(3~5장면)

이야기의 주요 장면을 세 가지 선정한다. 장면을 어떻게 표현할 것인지 스케치하고, 장면의 움직임을 설계한다.

4단계 : 목업 작업하기

설계한 움직임이 제대로 작동하는지 다른 종이로 움직임 설계만을 적용해 움직임을 확인한다. 생각과 다른 부분이 있다면 수정한다. 목업인 만큼 움직임 설계만 확인할 수 있도록 빠르게 만들고 빠르게 수정하며 작업한다.

5단계 : 각 장면 완성하기

각 장면의 전체 드로잉을 완성하고, 목업의 결과를 적용해 각 장면의 움직임을 완성한다.

6단계 : 한 권의 책으로 완성하기

한 권의 책으로 이어 붙여 완성하고 마무리한다.

작업 규칙 및 유의사항

- 책이 접혔을 때 팝업이 접힌 상태에서 책 바깥쪽으로 튀어나가지 않고, 책표지 안으로 쏙 들어갈 수 있도록 설계할 것

인포그래픽 디자인 12

inforgraphic design

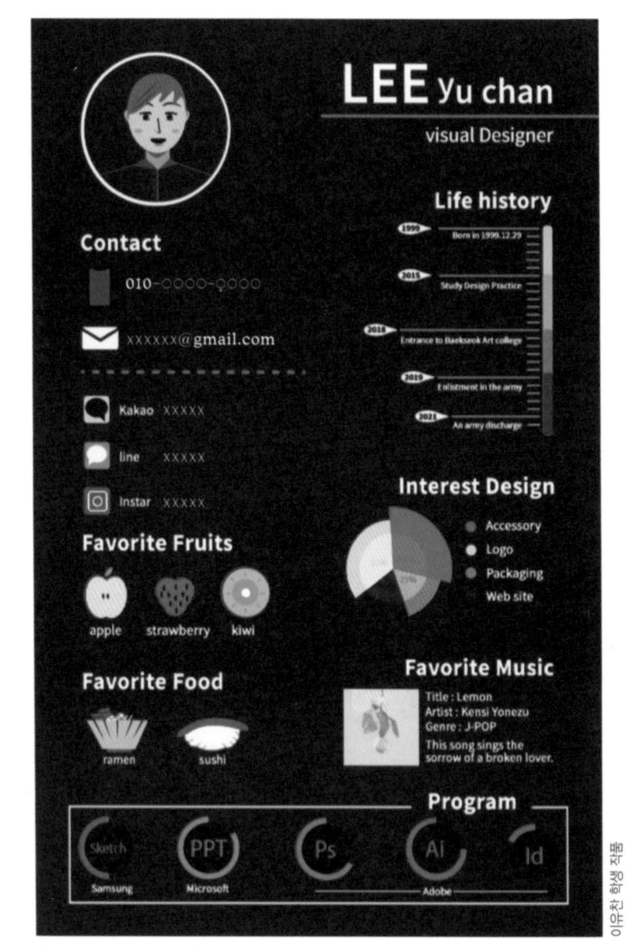

인포그래픽 디자인 사례

인포그래픽은 정보를 사용자가 이해하기 쉽게 시각적으로 정리하여 나타낸 그래픽을 의미한다. 양이 많고 복잡하며 어려운 내용의 정보부터 정보량이 적고 단순하며 가벼운 내용의 정보까지 다양한 정보를 인포그래픽으로 구성할 수 있다.

프로젝트 기간 2주

프로젝트 난이도 ■■■■□

준비도구 스케치북, 드로잉 도구, 2D 소프트웨어 프로그램
어도비 일러스트레이터(Adobe Illustrator) 또는 포토샵(Adobe Photoshop)

디자인 프로세스

1단계 : 주제 선정과 정보 수집하기

주제를 선정한다. 좋아하는 뮤지션의 음악이나 멸종위기 동식물 등 평소의 관심 주제 중 하나를 선택한다. 선정한 주제와 관련한 다양한 정보를 수집한다. 해당 주제에 관한 깊이 있는 정보를 모아 보는 것도 괜찮고, 해당 주제에 관한 얕고 넓은 정보를 모으는 것도 방법이다.

2단계 : 정보의 구조와 내용 결정하기

어떤 정보를 어떻게 표현할 것인가 고민한다. 우선 정보의 위계를 정리한다. 전달하려고 하는 정보가 크게 어떤 내용으로 구분되는지 판단한다. 하위의 개념은 몇 단계까지 내려가는지도 알아본다. 정보의 위계와 정보의 구성에 대해 디자이너가 잘 파악하고 있어야 인포그래픽의 전달력이 좋아진다. 같은 위계의 정보는 통일적인 시각적 요소를 적용해 표현하는 것도 정보의 구성을 효과적으로 나타내는 방법이다.

3단계 : 정보의 시각적 표현방법 결정하기

정보의 구조와 위계를 어떻게 시각적으로 표현할 것인가도 디자이너의 주요 관심사다. 공간은 어떻게 구성할 것인가, 어떤 내용을 강조할 것인가, 제목과 소제목 세부내용은 어떻게 차이를 두고 표현할 것인가, 그래픽과 문자 중 무엇으로 표현할 것인가 등을 고민하고 결정한다.

4단계 : 디자인 개발하기

인포그래픽에 필요한 그래픽을 만들고 글줄과 그래픽이 조화롭게 보이도록 배치하고 완성한다.

작업 규칙 및 유의사항

- 인포그래픽은 정보를 이해하기 쉽게 잘 전달하는 것이 중요하므로 정보의 위계를 잘 정리해야 하며, 관련 있는 정보가 하나의 덩어리로 보일 수 있게 할 것
- 적절한 서체를 사용해서 가독성이 떨어지거나 전체가 산만해 보이지 않게 할 것

날씨 앱 디자인 13

weather app design

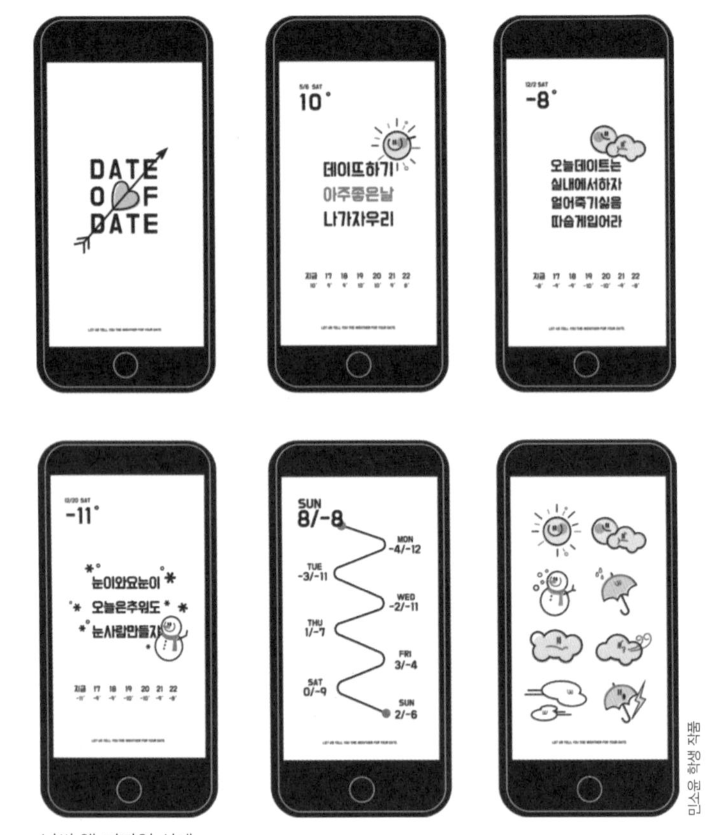

날씨 앱 디자인 사례

민소윤 학생 작품

본 프로젝트는 날씨 모바일 애플리케이션을 기획하고 날씨와 관련한 그래픽 아이콘과 모바일 인터페이스를 디자인하는 작업이다. 디지털 환경에 적합한 색채와 서체, 레이아웃에 대한 디자인 감각을 향상시켜 보자.

프로젝트 기간 4~6주

프로젝트 난이도 ■■■■□

준비도구 스케치북, 드로잉 도구, 2D 소프트웨어 프로그램
어도비 일러스트레이터(Adobe Illustrator) 또는 포토샵(Adobe Photoshop)

디자인 프로세스

1단계 : 날씨 앱 기획하기

다양한 모바일 날씨 애플리케이션의 사례를 조사해 본 후, 자신이 디자인하고 싶은 모바일 애플리케이션의 주요 타깃과 제공하고자 하는 콘텐츠를 결정한다. 왼쪽 페이지의 참고 사례의 경우, 20대 커플을 주요 타깃으로 날씨 정보에 따라 데이트하기 좋은 장소나 팁을 제공하는 날씨 애플리케이션을 기획한 것이다.

2단계 : 디자인 계획하기

전체적인 디자인의 분위기와 색채, 사용할 주요 서체 및 표현방법에 대해 정한다. 자신이 표현하고자 하는 디자인과 유사한 느낌의 자료와 이미지를 수집하여 한 장의 무드보드로 정리해 보자.

3단계 : 아이디어 스케치하기

날씨 아이콘과 화면 인터페이스에 대한 아이디어 스케치를 전개한 후, 가장 마음에 드는 날씨 그래픽 아이콘 6종과 화면 인터페이스 디자인 3가지를 선택한다.

4단계 : 디자인 개발하기

컴퓨터 프로그램을 사용하여 날씨 그래픽 아이콘 6종과 화면 인터페이스 3가지를 완성한다. 화면 인터페이스의 경우 현재 날씨, 주간 날씨, 지역별 날씨 등과 같이 제공하는 서비스의 기능에 따라 분류할 수 있다. 작업 과정에서 애플리케이션 아이콘과 화면 인터페이스를 여러 장 추가하여 디자인해도 좋다.

5단계 : 스마트폰에 적용하기

전 단계에서 개발한 날씨 디자인에서 보완할 점이 없는지 스스로 점검해 본 후, 자신이 원하는 스마트폰에 적용하여 완성한다.

작업 규칙 및 유의사항

- 날씨 아이콘의 경우, 조형적으로 통일감 있어 보이도록 디자인할 것
- 컬러는 RGB 모드로 설정하여 작업할 것
- 각각의 화면 인터페이스는 일관성을 유지하되 지루하지 않도록 구성할 것

공간 디자인 14

space design

재미있는 놀이터 공간 디자인 작품 사례

박수빈 학생 작품

재미있는 놀이터 공간을 디자인하는 프로젝트이다. 놀이터 공간을 디자인하기 위하여 우선적으로 놀이 행위에 대해서 관찰하고 문헌이나 다양한 사례를 통해 놀이에 대하여 조사를 진행한다. 본 프로젝트에서는 타깃 파악이 중요하다. 예를 들면, 타깃이 어린 연령인 경우 안전을 우선 체크하고 공간을 디자인한다. 어린이의 행위, 아이의 키를 고려한 높이 책정, 아이의 행동반경을 고려한 공간 디자인을 진행한다.

프로젝트 기간 5주

프로젝트 난이도 ■■■■□

준비도구 스케일자, 트레싱지, 제도용 도구, 우드락, 접착제, 필름지 등

디자인 프로세스

1단계 : 관찰 및 조사하기

놀이터 공간 디자인을 하기 위하여 우선적으로 놀이 행위에 대해서 관찰한다. 그리고 문헌 등 다양한 경로를 통해 놀이에 대하여 조사를 진행한다. 예를 들어, 어린이를 위한 놀이 공간이라면 어린이들의 놀이 행태에 대하여 조사하고 유형별로 정리한다.

2단계 : 적용할 콘셉트와 키워드 추출하기

놀이 행태에 대하여 조사한 내용 중 본 프로젝트에 적용할 콘셉트와 키워드를 추출한다.

3단계 : 아이디어 스케치하기

놀이 공간에 대하여 추출한 콘셉트와 키워드를 중심으로 아이디어 스케치를 시작한다. 즉, 조사를 통해 추출한 콘셉트를 본격적으로 시각화하는 단계이다. 아이디어 스케치와 검토 과정을 반복한 후 디자인 디벨럽 과정을 통해 스케치를 완성한다.

4단계 : 도면 디자인 구체화하기(2D 작업 단계)

스케일자를 이용하여 손으로 직접 도면 제도 작업을 시작한다. 놀이터의 규모를 정하고 연령별 고려사항을 체크한다. 예를 들어, 어린이를 위한 공간이라면 어린이의 행위, 아이의 키를 고려한 높이 책정, 아이의 행동반경을 고려한 디자인을 진행한다.

5단계 : 입체 모형 작업하기(3D 작업 단계)

놀이터 공간을 위한 입체 모형 작업을 시작한다. 우드락, 폼보드, 필름지, 여러 모형제도 도구를 사용하여 3D 작업을 한다.

작업 규칙 및 유의사항

- 놀이에 대한 깊은 이해와 다양한 사례조사를 진행하여 적용할 키워드를 찾을 것
- 타깃 파악이 중요함. 즉 어린 연령인 경우 안전을 우선 체크하고 공간을 디자인할 것
- 스케일을 체크할 것. 타깃 연령에 적합한 스케일 기획이 중요함

캐릭터 디자인 **15**

character design

채동훈 학생 작품

다양한 매체에 적용된 캐릭터 디자인 작품 사례

본 프로젝트는 학생 스스로가 흥미를 가지고 주도적으로 캐릭터를 개발하고 진행할 수 있도록 처음 소재 및 주제 선정부터 신중하게 실시한다. 캐릭터의 정체성을 설정한 후 해당 이미지를 디자인하고 적용될 다양한 매체를 연구하여 세부 디자인을 제작한다.

프로젝트 기간	6주
프로젝트 난이도	■■■■□
준비도구	도화지, 연필, 지우개, 펜, 채색도구, 2D 소프트웨어 프로그램 어도비 포토샵(Adobe Photoshop)

디자인 프로세스

1단계 : 캐릭터 소재 선정 및 관련 자료 수집하기

내가 어떤 캐릭터를 개발할 것인지 소재를 자유롭게 정하고, 그 캐릭터를 제작하기 위하여 관련된 정보를 조사해 보자. 예를 들면, 브랜드를 대표할 캐릭터를 디자인하기 위해서는 해당 브랜드에 대한 정보를 폭넓게 조사한다. 그리고 참고할 만한 다른 캐릭터들을 조사하고 유형별로 정리한다.

2단계 : 캐릭터 정체성 설정하고 간단한 스토리 만들기

1단계에 근거하여 캐릭터의 정체성을 설정하는 단계이다. 사람·동물·식물·무생물·외계생명체·몬스터 등으로 설정하고, 캐릭터의 이름, 나이, 성별, 국적, 성격, 특징 등을 상세하게 정하며 간단한 스토리를 구성해 보자.

3단계 : 캐릭터 스케치 및 채색하기

캐릭터의 정체성을 잘 표현할 수 있는 개성이 넘치는 캐릭터 이미지를 구상해 보는 단계이다. 재미있는 아이디어를 떠올려 보고 스케치하자. 얼굴, 헤어스타일, 몸(예 2등신, 3등신 등), 옷, 기타 그래픽 요소, 컬러 등을 정해 보자.

4단계 : 캐릭터 디자인 완성하기

일러스트레이터 프로그램을 사용하여 스케치한 캐릭터의 디자인을 완성한다.

5단계 : 다양한 매체에 적용하기

개발한 캐릭터를 다양한 매체(예 엽서, 노트, 스마트폰 케이스, 가방, 포스터, 영상물 등)에 적용해 보자. 포토샵 프로그램을 이용하여 기존 상품 이미지에 본인이 개발한 캐릭터를 합성해 보자.

작업 규칙 및 유의사항

- 학생 본인이 작업 시 몰입할 수 있도록 흥미로운 주제를 선택할 것
- 캐릭터의 성격이 디자인에 잘 표현되어 있는지 확인할 것
- 캐릭터를 적용할 각각의 매체 특성을 이해하고 디자인을 적용할 것

업사이클링 디자인 16

upcucling design

조수현·최연주 학생 작품

업사이클링 디자인 사례 : 아이스크림 막대 조명

업사이클링은 버려지는 물건에 가치를 더해 새로운 제품을 만드는 것을 뜻한다. 지속가능한 성장, 지속가능한 삶을 위한 방법 중 하나로 업사이클링은 의미 있는 작업이다. 쓰레기를 줄이면서, 새로운 아이디어와 새로운 디자인으로 새로운 가치를 만들어내는 멋진 작업이다.

프로젝트 기간 3주
프로젝트 난이도 ■■■■□
준비도구 재활용할 수 있는 재료들

디자인 프로세스

1단계 : 프로젝트 준비하기

업사이클링 사례를 조사하며 업사이클링의 개념을 익히고, 업사이클링의 의미를 확인한다. 프로젝트에 사용할 수 있는 물건들, 소재들을 모은다.

2단계 : 업사이클링 프로젝트 찾기(문제 정의)

"어떻게 하면 일상에 편리함을 더하면서 자연에 해가 되지 않는 물건을 디자인할 수 있을까?"에 대한 주제로 토의한다. 프로젝트를 위한 문제를 정의한다.

3단계 : 사용자 공감하기

사용자의 입장에서 필요성을 생각한다. 이러한 과정은 방향 찾기와 아이디어 도출에 도움이 된다.

4단계 : 아이디어 쏟아내기

아이디어를 쏟아낸다. 비주얼적인 아이디어를 스케치나 메모로 표현해 보고 팀원들과 아이디어를 수정하고 공유한다.

5단계 : 구체화하기

아이디어를 구체적으로 만들어 본다. 머릿속에서는 그럴듯했는데 실제로는 물리적으로 불가능하거나 해보니 별로인 아이디어도 있고, 구체화해 보니 더 괜찮은 아이디어도 있다. 새로운 아이디어를 추가하거나 처음의 아이디어를 수정할 수도 있다.

6단계 : 완성 및 피드백 받기

구체화 단계에서 대략적인 재료로 실험한다면, 완성 단계에서는 디자인에 사용할 재료로 완성도를 높여 결과물을 만든다. 실제 사용 예상 집단의 피드백을 받아 본다.

작업 규칙 및 유의사항

- 못 쓰는 물건을 다시 활용했지만 결과물이 그 자체로도 사용성이나 시각적 완성도가 훌륭한 디자인 완성작이 되게 할 것

웹 디자인 17

web design

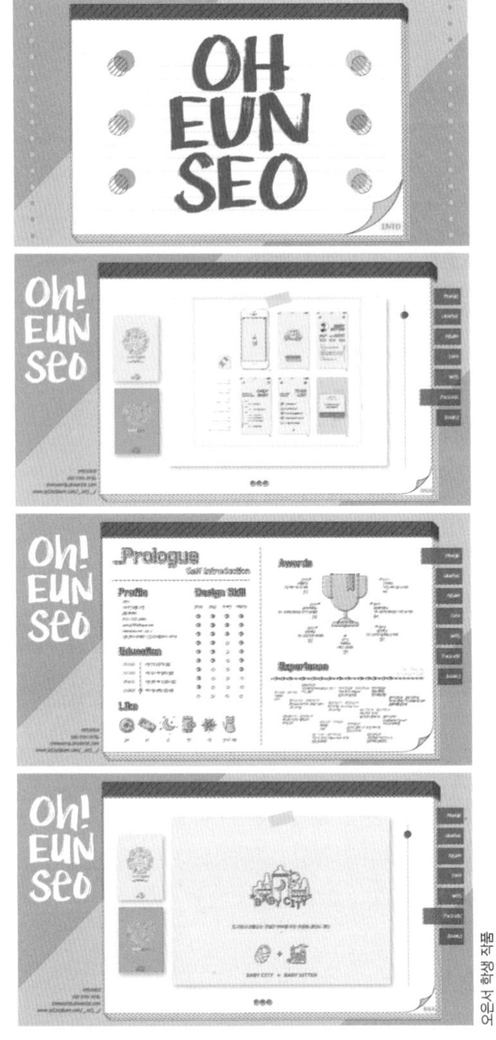

포트폴리오를 위한 웹 디자인 작품 사례

퍼스널 아이덴티티(personal identity)를 바탕으로 나의 가치관, 철학, 그리고 앞으로 나아가고자 하는 방향을 바탕으로 내가 그동안 제작해 온 작품을 PC 또는 모바일 환경에서 웹 사이트로 보여주는 프로젝트이다. 나는 어떠한 디자이너로 나아갈 것인지 방향을 설정하여 나와 내 작품을 창의적이고 설득력 있게 기획하여 시각화한 것을 세상에 효과적으로 소개하는 방법을 모색해 보자.

프로젝트 기간 8주

프로젝트 난이도 ■■■■■

준비도구 2D 소프트웨어 프로그램
어도비 일러스트레이터(Adobe Illustrator) 또는 포토샵(Adobe Photoshop),
윅스 홈페이지(ko.wix.com, 무료 웹사이트 제작 사이트)

디자인 프로세스

1단계 : 퍼스널 아이덴티티 구축하기

나는 어떠한 사람인가? 나는 어떠한 가치관을 갖고 있는가? 나의 인생 또는 디자인 철학은 무엇인가? 나는 앞으로 무엇을 하고 싶은가? 등 나의 아이덴티티가 무엇인지 구체적으로 파악해 보자.

2단계 : 작품 모으기 & 분류하기

그동안 제작하였던 작품들을 모아 보자. 모아진 작품들에서 내가 생각했을 때 완성도가 떨어지거나 스터디용으로 진행했던 작품들은 제외한다. 최종적으로 선택된 작품들은 작품의 특성 또는 스타일에 따라 분류해 보자.

3단계 : 영감이 될 만한 참고 자료 수집하기

구축된 나의 아이덴티티와 비슷한 맥락을 가진 웹 사이트 또는 디자인 소스들을 핀터레스트(www.pinterest.co.kr), 비핸스(http://www.behance.net), 어워드(http://www.awwwards.com) 등과 같은 디자인 영감을 얻을 수 있는 사이트 또는 디자인 서적과 잡지를 통해 수집한다. 수집된 자료들은 폴더별로 분류하여(예 네비게이션, 컬러, 레이아웃) 디자인 참고 시 쉽게 찾아 볼 수 있도록 해보자.

4단계 : 포트폴리오 설계하기

나의 포트폴리오 사이트에 들어올 사용자의 사용성을 고려하여, 어도비 일러스트레이터 또는 포토샵 프로그램을 사용하여 나의 아이덴티티와 콘셉트에 맞게 포트폴리오를 설계하고 제작한다.

5단계 : 윅스로 구동되는 사이트 제작 및 게시하기

설계해 놓은 포트폴리오 페이지를 바탕으로, 웹 사이트 윅스(ko.wix.com)를 통해 실제로 구동과 게시가 가능한 사이트로 연결해서 제작해 본다.

작업 규칙 및 유의사항

- 폰트의 종류를 3가지 이상 사용하지 않을 것
- 그리드 시스템(grid system)에 유의하여 작업할 것
- 포트폴리오 제작 이후에도 작품을 틈틈이 정리해서 업데이트할 것

브랜드 리디자인 **18**

brand redesign

계한나 · 범성주 학생 작품

브랜드 리디자인 프로젝트 결과물 사례 : 롯데리아

브랜드 리디자인 프로젝트는, 기존의 브랜드 아이덴티티나 브랜드 디자인에 아쉬운 점이 있거나, 브랜드가 노후화되었을 때 새롭게 브랜드를 리뉴얼하는 작업이다. '브랜드 리디자인 프로젝트'에서는 디자인 프로세스에 맞추어 문제를 해결해 나가는 연습을 함께 해보도록 한다.

프로젝트 기간 4주

프로젝트 난이도 ■■■■■

준비도구 스케치북, 드로잉 도구, 2D 소프트웨어 프로그램
어도비 일러스트레이터(Adobe Illustrator) 또는 포토샵(Adobe Photoshop)

디자인 프로세스

1단계 : 팀 구성하기

4명 이내의 팀을 구성한다.

2단계 : 문제 정의 – 브레인 스토밍 : 브랜드 리디자인이 필요한 경우 + 브랜드 선정

리디자인할 브랜드를 선정하기 위해 조별로 브레인스토밍을 한다. 브레인스토밍 주제는 '브랜드의 리디자인이 필요한 경우에는 어떤 것이 있을까'이다. 진행자는 모든 아이디어를 포스트잇에 적고, 아이디어가 적힌 포스트잇을 책상에 나열한다. 비슷하거나 같은 종류의 아이디어를 모아 한눈에 볼 수 있게 하고, 팀별로 브랜드를 선정한다.

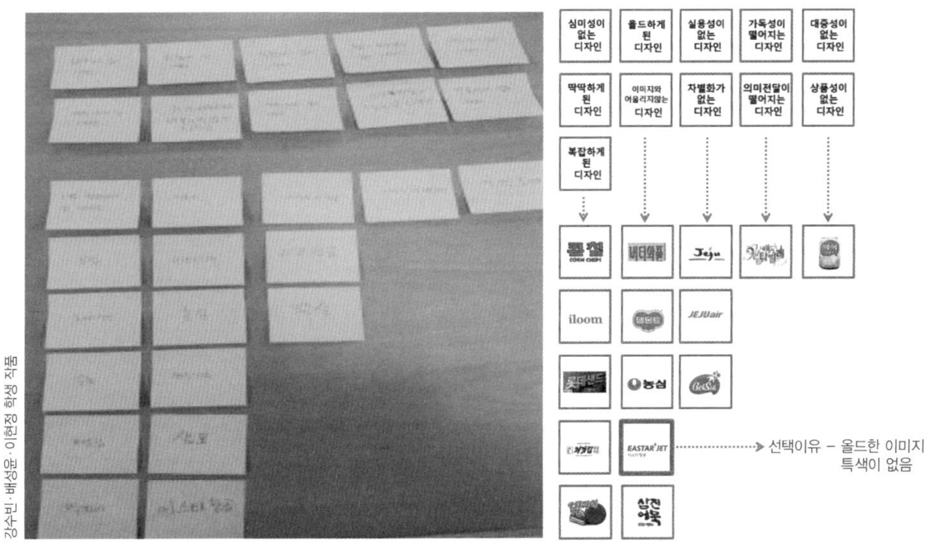

강수빈 · 배성윤 · 이현정 학생 작품

브레인스토밍 사례 : 이스타항공

선정 브랜드와 경쟁사들의 브랜드 매트릭스 만들기 사례 : 이스타항공/롯데리아

3단계 : 사용자 공감 인터뷰하기 - 리디자인하려는 브랜드 사용자 선택

우리 팀이 리디자인하려는 브랜드의 사용 경험이 있는 사람을 인터뷰한다. 브랜드를 사용할 때 사용자가 느끼는 문제점, 중시하는 점 등에 대해서도 탐색한다.

김원희·김정현 학생 작품

사용자 인터뷰 사례 : 주스식스

4단계 : 아이디어 내기 - 브랜드 로고 아이디어 쏟아내기

콘셉트적인 아이디어와 비주얼적인 아이디어를 쏟아낸다. 스프린트처럼 정해진 시간 안에 비주얼 아이디어를 쏟아내고 팀원들과 결과를 종합해 보는 방식도 사용해 볼 수 있다.

5단계 : 구체화하기(실험하기) - 로고 결정하고 적용물 완성하기

로고 디자인의 방향을 결정하고 로고 디자인의 시각적 완성도를 높여간다. 로고 디자인을 적용한 적용물을 팀별로 3개씩 완성한다.

강수빈·배성윤·이현정 학생 작품

브랜드 리디자인 프로젝트 결과물 사례 : 이스타항공

6단계 : 피드백 받기

수업에서 친구들의 피드백을 받는다. 사례의 경우 3주간의 짧은 일정 동안 디자인 프로세스를 연습하는 데에 집중하였기 때문에 결과물의 시각적 완성도를 고민할 시간이 짧았다는 아쉬움이 남는다. 하지만 사용자의 생각을 반영하는 연습을 했다는 점에서 의미 있었다는 평이었다.

작업 규칙 및 유의사항

- 사용자를 이해하는 것을 연습할 것
- 데이터에 기반한 분석적 사고와 새로운 아이디어를 찾아내는 직관적 사고를 모두 연습할 것

디자인 씽킹 프로젝트 19

design thinking project

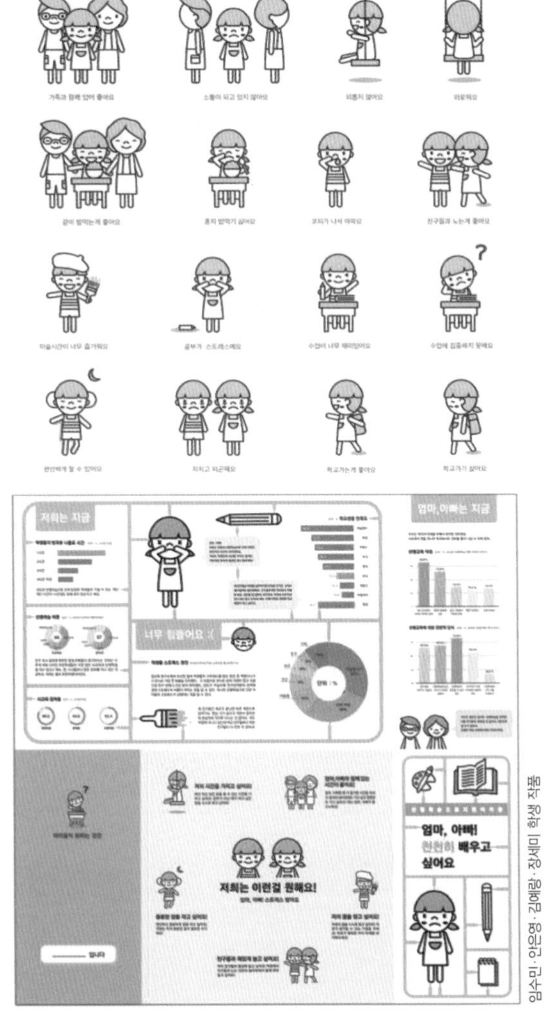

디자인 씽킹 프로젝트

디자인 씽킹 프로젝트는 우리 사회 문제에 공감하고 이를 해결하기 위한 디자인적 해결방안을 제안하는 것이다. 디자인 씽킹 프로젝트를 통해서 우리 사회에서 일어나고 있는 문제점을 발견하고, 이를 해결할 수 있는 디자인을 개발하는 문제 해결 프로세스를 실습해 보자. 위 그림의 경우, 선행 교육으로 인한 아이들의 의욕상실 문제를 해결하기 위해 초등학교 저학년 자녀를 둔 학부모의 인식 개선을 목표로, 먼저 배우는 것이 정답은 아니라는 주제의 픽토그램과 브로셔 디자인을 개발한 사례이다.

프로젝트 기간 6주

프로젝트 난이도 ■■■■■

준비도구 스케치북, 드로잉 도구, 2D 소프트웨어 프로그램

어도비 일러스트레이터(Adobe Illustrator) 또는 포토샵(Adobe Photoshop)

디자인 프로세스

1단계 : 브레인스토밍하기

한 주 동안 각자 관심 있는 사회문제에 대해 조사하고 관련 자료를 스크랩한다. 3~4인이 한 팀을 이루어 조사해온 자료에 대해 토의하며 가장 흥미로운 주제를 중심으로 팀의 주제를 정한다.

2단계 : 리서치하기

팀의 주제와 관련한 사회 문제와 해결하고자 하는 주요 목표, 타깃 등과 관련하여 추가로 알아보아야 할 정보의 목록을 작성한다. 리서치 계획과 역할 분담을 한 후 자료를 수집하고 분석하여 우리 팀의 사회문제를 해결하기 위해 가장 효과적인 디자인 분야를 결정한다.

3단계 : 디자인 콘셉트 도출하기

디자인을 통해 전달하고자 하는 핵심 메시지를 5개의 단어로 요약한다. 완성될 디자인 결과물의 전체적인 분위기를 잘 나타내주는 이미지 자료를 찾아보고, 사용하고자 하는 주요 색채와 서체, 표현방법을 의논하여 결정한다.

4단계 : 디자인 개발하기

도출한 콘셉트에 따라 각자 아이디어 스케치를 전개하고 디자인 작업을 진행한다. 각자 개발한 디자인은 팀원들의 피드백을 받아 수정하고 보완하는 과정을 거치며 발전시켜 완성한다. 여러 명이 협력하여 하나의 디자인 결과물을 완성하는 것도 가능하다.

5단계 : 평가 및 피드백 받기

완성한 디자인 결과물은 초기에 계획했던 목표를 달성하였는지, 핵심 메시지는 명확하게 전달되고 있는지, 콘셉트와 어울리게 표현되었는지, 타깃 사용자의 요구를 잘 반영하였는지, 조형적으로 심미성 있게 표현되었는지 등의 질문에 답해 보며 다각도로 평가해 본다.

작업 규칙 및 유의사항

- 디자인 결과물이 여러 개일 경우, 전체적으로 통일감 있어 보이도록 할 것

사회공헌 디자인 20

design for sociaty

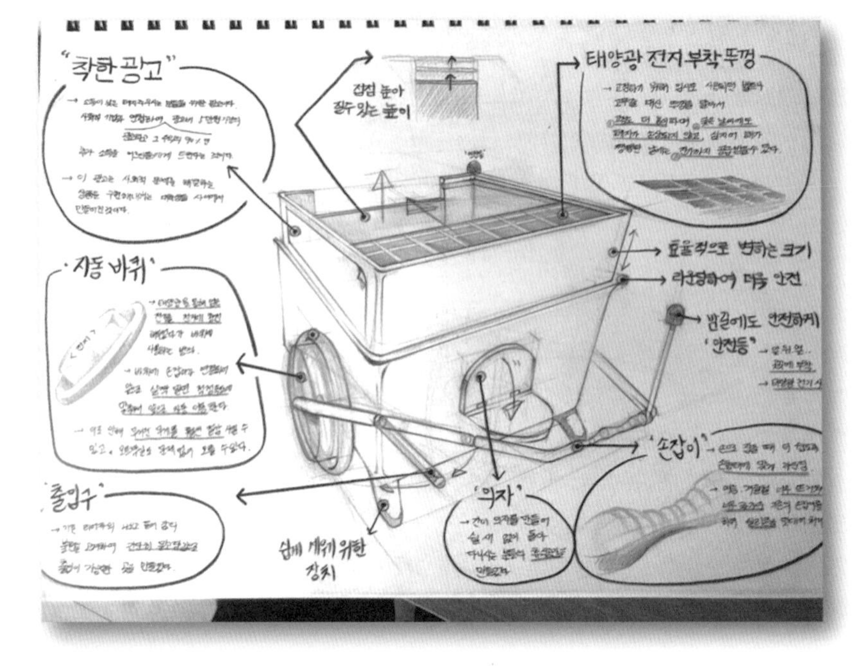

박은빈 학생 작품

사회공헌 디자인 리어커 작품 사례

본 디자인 프로젝트는 사회공헌 디자인 프로젝트이다. 우리 동네의 소외된 이웃 중 대상을 선택하고 선택한 대상의 행동과 특징 그리고 필요성을 관찰하고 분석한다. 고려사항 리스트를 만들고 이에 따라 디자인을 구체화한다.

프로젝트 기간 4주
프로젝트 난이도 ■■■■■
준비도구 스케치 도구(스케치북, 연필, 색연필, 지우개, 자 등)

디자인 프로세스

1단계 : 소외된 이웃 관찰하기

일주일 동안 우리 동네의 소외된 이웃에게 필요한 것이 무엇인지 찾아보자.

2단계 : 대상 분석하기

우리 동네의 소외된 이웃 중 대상을 결정하고 분석하는 단계이다. 노인이나 장애인 등 우리 이웃 중 어려움을 겪고 계신 분들에게 필요한 것은 무엇인지 조사하고 분석한다. 그리고 필요한 부분이나 개선할 내용에 대한 리스트를 작성한다.

3단계 : 아이디어 스케치하기

우리 이웃 중 어려움을 겪고 계신 분들에게 필요한 것은 무엇인지 조사하고 이 중에서 추출한 내용을 중심으로 아이디어 스케치를 시작한다. 조사를 통해 추출한 내용을 본격적으로 설계하고 시각화하는 단계이다. 아이디어 스케치와 검토 과정을 반복하여서 디자인을 발전시킨다.

4단계 : 아이디어를 적용할 수 있도록 구체화하기

아이디어를 실제에 맞게 적용할 수 있도록 구체화하는 단계이다. 타깃을 깊이 관찰하고 타깃의 필요사항을 파악하여 제반 고려사항 리스트를 만들고 섬세하게 체크하여 디자인을 구체화한다.

5단계 : 도면 디자인 구체화하기

스케일 자를 이용하여 도면화 작업을 시작한다. 규모를 정하고 타깃에 따른 고려사항을 체크한다. 예를 들어, 노인을 위한 작업 이동 수단이라면 노인의 신체를 고려한 디자인, 노인의 행동반경을 고려한 디자인 등 노인의 안전과 특징을 고려한 디자인을 구체화한다.

작업 규칙 및 유의사항

- 타깃 파악이 중요하므로 노인이나 장애인인 경우 안전을 우선적으로 체크할 것
- 타깃의 특징에 적합한 스케일과 기능 등 디자인 기획을 중요하게 생각할 것

용어 정리

기호 무언가를 대신해서 나타내는 표현 형식. 어떤 의미를 표현하기 위해 사용하는 문자, 부호, 표지 등

기표 기호의 물리적 형식 혹은 형태

기의 기호가 으미하는 개념 혹은 내용

디자인 메시지 디자인이 궁극적으로 전달하고자 하는 내용

디자인 트렌드 디자인의 동향, 추세

디자인 프로젝트 디자인 과제나 일감으로 어떤 주제를 중심으로 기획부터 최종 결과물까지 완성하는 것

마인드 맵(mind map) '생각의 지도'라는 뜻으로 자신의 생각을 마치 지도를 그리는 것처럼 이미지화하여 창의적인 생각을 이끌어내는 아이디어 발상법

브레인스토밍 주어진 문제를 해결하기 위하여 다양한 그룹 구성원들이 모여 아이디어를 발상하고 제안하는 회의 형식의 방법

색(color) 빛의 스펙트럼의 조성 차에 의해서 성질의 차가 인정되는 시감각의 특성. 컬러와 동의어

색상(hue) 색의 3요소 중 하나로 빨강·파랑·녹색이라는 이름 등으로 서로 구별되는 특성

색상환 색의 변화를 둥글게 배열한 것

색채(perceived color) 물리적 현상인 색이 감각기관인 눈을 통해서 지각되거나 그와 같은 지각현상과 마찬가지의 경험효과를 가리키는 현상. 색채는 지각적 요소가 포함되어 있음

수렴적 사고(convergent thinking) 다양한 아이디어 중 가장 실현 가능한 아이디어 한 가지를 선택하고 최종안으로 발전시키는 사고 과정

순색 하나의 색상 중에서 채도가 가장 높은 선명한 색

스캠퍼(SCAMPER) 새로운 아이디어를 얻기 위한 7가지 규칙인 '대체하기(Substitute)', '적용하기(Adapt)', '변형/확대/축소하기(Modify/Magnify/Minify)', '다른 용도로 사용하기(Put to other uses)', '제거하기(Eliminate)', '역발상/재배열하기(Reverse/Rearrange)'의 영문 첫 글자를 따서 만든 발상법

시네틱스(synectics) 서로 관련이 없어 보이는 것들을 유추(analogy)와 은유(metaphor)를 통해 조합하여 새로운 아이디어를 도출하는 발상법

심벌 기호, 상징, 표상, 어떠한 뜻을 나타내기 위하여 쓰이는 부호, 문자, 표지

커뮤니케이션 의사소통. 사람들끼리 서로 생각이나 느낌 등의 정보를 주고받는 일

원색 색의 제1차 색. 하나의 색을 더 이상 분색, 즉 분해시킬 수 없는 기본색

콘셉트 디자인 메시지를 잘 전달하기 위해 디자인에 부여하는 어떤 주제

패키지디자인 포장디자인

확산적 사고(divergent thinking) 해결안을 탐색하기 위해 생각의 경계를 넓혀가는 사고 과정

참고문헌

〈국내〉

강경희·신호진(2017). **디자인 씽킹 for 컨셉노트**. 성안당.

김민수(2016). **21세기 디자인 문화 탐사: 디자인·문화·상징의 변증법**. 그린비.

김석훈(2017). **좋아보이는 것들의 비밀, 공간디자인**. 길벗.

김영삼(2015). **눈길을 사로잡는 스마트폰 앱 UX&UI 디자인**. 위키북스.

김희선(2009). **색채디자인**. 광문각.

김윤배·최길열(2011). **디자인발상 이론과 실제**. 태학원.

로저마틴 저, 이건식 역(2010). **디자인 씽킹**. 웅진윙스.

한국 조형교육학회(2016). **미술교육의 기초**. 과학사.

문은배(2011). **색채디자인 교과서: 색채의 이해와 활용을 위한 필독서**. 안그라픽스.

민 경우(2002). **디자인의 이해**. 미진사.

박상혁·이용호(2012). 웹사이트에 나타난 시각적 미세지의 의미작용 연구-자동차 기업 홈페이지의 intro page를 중심으로-, **디자인학연구, 통권 제61호, 18**(3).

박영순 외(2015). **통합디자인**. 교문사.

박영순·이현주·이명은(2007). **색채디자인 프로젝트 14**. 색채디자인.

박주영(2012). **기본이 되는 디자인**. 계명대학교출판부.

박현일(2009). **색채학 강의**. 도서출판 서우.

세버린·탠카드 저, 박천일·강형철·안민호 역(2004). **커뮤니케이션 이론: 연구방법과 이론의 활용**. 나남출판.

신용순(1998). **광고에 있어서 컨셉트의 중요성**. 디자인학연구.

안상락·박정희(2014). **광고, 광고디자인**. 비즈앤비즈.

앤드류 해슬램 저, 송성재 역(2008). **북디자인 교과서**. 안그라픽스.

앨리나 휠러 저, 이원제·최기원 역(2012). **디자이닝 브랜드 아이덴티티**. 비즈앤비즈.

앨런 럽튼 저, 이재선·윤지선 역(2016). **그래픽디자인씽킹: 창의적 사고와 표현**. 비즈앤비즈.

오미영·정인숙(2005). **커뮤니케이션 핵심 이론**. 커뮤니케이션북스.

오보영(2015). 디자인사고(Design Thinking) 과정을 적용한 고등학교 디자인수업 모형 연구, **기초조형학연구, 16**(6). pp.297-308.
원유홍·서승연·송영민(2016). **디자인 문법**. 안그라픽스.
이건호(2004). **디자인 이야기**. 태학원.
이경석(2009). 디자인기초조형교육을 위한 디자인 분류체계 연구, **기초조형학연구, 10**(6).
이영주(2015). **NCS를 기반으로 한 UI/UX 디자인 이론과 실습**. 한빛아카데미.
이현주·배윤선·송민정(2011). **정보 디자인**. 교문사.
윤민희(2003), **문화의 키워드 디자인**. 예경북스.
장동익(2014). **전공미술 미술교육과정 및 교육론**. 희소.
조연순·이명자(2017). **문제중심학습의 이론과 실제**. 학지사.
조영식(2000). **인간과 디자인의 교감 빅터 파파넥**. 디자인하우스.
존 헤스켓 저, 김현희 역(2005). **로고와 이쑤시개 우리 삶을 엿보는 디자인 이야기**. 세미콜론.
최경란·허윤실(2012). 공간디자인 프로세스에서 고려해야 할 기획단계 전개에 대한 연구, **기초조형학연구, 13**(6). pp.455-463.
최경원(2012). **좋아 보이는 것들의 비밀 Good Design**. 길벗.
최영인(2014). **좋아 보이는 것들의 비밀 브랜드 디자인**. 길벗.
하라켄야 저, 민병걸 역(2017). **디자인의 디자인**. 안그라픽스.
한국디자인학회(2015). **기초디자인교과서**. 안그라픽스.
홍성수(2007). **산업디자인 이론과 실제의 적용 사례**. 디자인하우스.

〈국외〉

Childs, Peter R.N (2014). *Mechanical Design Engineering Handbook*. Elsevier Ltd.
Dorst, K. & Cross, N (2001). Creativity in the Design Process: Co-evolution of Problem Solution, *Design Studies, 22*(5), p.425-437.
IDEO(2013). *Design Thinking for Educators*.
Ielss, W., Kline, S., & Jhally, S. (1986). *Social Communication in Advertising*, New work : Methuen. p.152.

〈웹사이트〉

www.designcouncil.org.uk
https://design.seoul.go.kr/sdg

찾아보기

저자 소개

황정혜 연세대학교 대학원 디자인박사
백석예술대학교 디자인미술학부 주임교수

오상은 연세대학교 대학원 디자인박사
백석예술대학교, 연세대학교, 가천대학교 출강

석금주 연세대학교 대학원 디자인박사
백석예술대학교, 수원대학교, 중앙대학교 출강

박가미 연세대학교 대학원 디자인박사수료
백석예술대학교, 연세대학교, 수원대학교 출강

디자인 사고와 감각을 일깨우는

디자인 수업 DESIGN LESSON

2019년 2월 25일 초판 인쇄 | 2019년 3월 1일 초판 발행 | 2020년 5월 20일 초판 2쇄 발행

지은이 황정혜·오상은·석금주·박가미 | **펴낸이** 류원식 | **펴낸곳** **교문사**

편집부장 모은영 | **책임진행** 성혜진 | **디자인** 신나리 | **본문편집** 우은영
제작 김선형 | **홍보** 이솔아 | **영업** 이진석·정용섭·진경민 | **출력·인쇄** 동화인쇄 | **제본** 한진제본

주소 (10881)경기도 파주시 문발로 116 | **전화** 031-955-6111 | **팩스** 031-955-0955
홈페이지 www.gyomoon.com | **E-mail** genie@gyomoon.com
등록 1960. 10. 28. 제406-2006-000035호 | **ISBN** 978-89-363-1823-9(93590) | **값** 20,000원

* 저자와의 협의하에 인지를 생략합니다.
* 잘못된 책은 바꿔 드립니다.